你是爬蟲類腦還是人類腦？

跟著腦科專家，徹底理解自我、看透人心

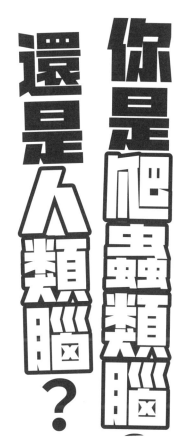

U0070049

作者——李相泫　　翻譯——譚妮如

前言

試著不要用大腦思考，
直覺地窺探世界與自己的內心

　　我很好奇，人的腦袋為什麼能控制我這個人、指揮我的行為呢？到底是大腦的哪一部分擁有這樣的能力？筆者認為在學習大腦相關知識的過程中，就能瞭解人類與世界。

　　筆者認為若能瞭解大腦裡各個領域的分佈圖，就可以瞭解大腦。大腦是歷經漫長歲月的變化與累積過程形成的，透過觀察其層層結構，似乎可以瞭解人類的行為。當我們逐漸瞭解到左腦與右腦各自發生的事情時，就會對這二者之間的差異感到十分有趣。也瞭解到我們會在前腦裡畫出如何引領自己的小藍圖，也對腦部深層記憶形成的過程，有一定程度的瞭解。

　　然而，並非如此，大腦並非各自擁有各自的領域。大腦是由無數的點連結而成的線，這些線彼此相連，交織成龐大的網絡。就猶如我存在世界中，以一個點的身份與其他點相連結一般，大腦也是如此連結而成的小宇宙。

　　我萌生了這樣的念頭，不是窺視小小的腦袋內部，而是離開它到外側去看看我們的世界和內心。想知道當我從覆蓋住我的薄薄肌膚層跳脫出來時，是如何與各位連結，並形成這個世界的呢？

　　我想與曾經和我締結緣份的人們分享本書，於是將其公諸於世。

　　然而，在廣闊無涯的世界裡，一定存在著某個願意邊走邊聊天的人。想和他們一起邊走邊談笑，更期望您就是那一位。

　　翻閱到本書第一章，讓我們先來窺探我們的大腦。經歷過漫長歲月而形成的大腦，是如何層層堆疊的，讓我們一起來探究吧！鱷魚、小狗、人類皆同時存在人類大腦的某個角落裡。試著畫出像三層石塔[註]一樣層層堆疊的腦部結構，就會對於我們會因芝麻小事而突然大發雷霆的行為稍微表示認同。

　　參觀完了三層石塔後，就讓我試著進入大腦的中心吧！事實上，我也因為曾有不可置信的記憶問題，而開始關心大腦。逐漸遺忘的記憶在哪裡？因為帶著探究大腦即可知道大腦祕密的純真想法，於是展開了大腦探究之旅，那些記憶其實就保存在大腦深層的中心。

　　跳脫大腦中心來看大腦時，發現大腦不是一個，而是兩個。就猶如社會區分成左翼與右翼一般，大腦也是區分成左右兩側。就猶如與敵人同寢一般，兩個不同立場的大腦之間有個橋樑，互相連結、依存。

　　左腦是理性的，思緒似乎十分複雜。思緒並非我本人，卻老是以主人自居，因而引發了無數的問題。不是以主人般態度對待思緒，而是以對待客人之姿待之，就可以

稍微擺脫思緒的操控，獲得些許的自由。

　　現在就讓我們來窺探一下右腦。右腦像在對待平靜的心一般，走出繁雜的日常生活，試著在右腦裡享受寂靜與平靜吧！

　　窺視完大腦左右兩側後，來探究一下前腦吧！前腦位於大腦前側，擔負起如同人類社會的領導者般的角色，領導者經常必須在好幾條分岔路上，挑選出一條最好的道路。當我們踏上他所挑選出來的某一條道路上時，會逐漸成長、變得成熟。

　　因此，要從東西南北各個面向來窺探腦部。現在該是我們試著從那顆小腦袋跳脫出來的時候了！從大腦跳脫出來就是從我自己抽離出來。從被禁錮在像肌膚這樣框架裡跳脫出來時，在不斷流轉的生活中與自己相見。從小小的大腦中跳脫出來後，在窺探遼闊的內心世界的過程中，就會到達本書的最後一章了。

　　準備好跳脫小腦袋瓜了嗎？一起試著抽離看看吧！

註：百丈庵三層石塔為新羅時代後期的佛塔，高5公尺。一般的石塔的結構通常是底層較大，往上逐漸縮小。塔身的每一層均有不同的雕刻圖案：第一層四面雕有菩薩雕像和神將像，第二層雕有奏樂的天人像，第三層雕有天人坐像。
（資料來源：維基百科，圖：由Mansegmj-自己的作品，CC BY-SA 4.0, https：//commons.wikimedia.org/w/index.php?curid=62597172）

目錄

第六章 跳脫我的大腦

「我」與內心

第一章

大腦在漫長歲月中
是如何變化的

大腦三階段

．
．
．
．
．
．

生命以何處爲起點？

佇立在大海面前，
海風清涼地撫面而過，
散發出鹹鹹的海味。

上山了嗎？
草、樹木、活動的生命體，
聞著風裡挾帶的香氣。

各式各樣的生命活著！
從魚到爬蟲類、哺乳類動物等，
經歷了漫長旅程後，層層堆疊在小小的腦袋裡。

✦ 就是那個誰啊！

「就是那個誰啊！」

「誰？」

「就是那位……跟崔智友一起演戲，在日本很受歡迎的男明星。」

「李秉憲？」（我的太太很喜歡李秉憲！）

「不是的，是那位參與《藍色生死戀》、《冬季戀歌》演出的男主角，最近留著一頭長髮……」

「啊！裴勇俊！」

「對！看網路新聞報導，裴勇俊在拍攝途中……」

我想跟太太聊關於裴勇俊的事情，卻經歷了像上述般的過程。（事實上，《藍色生死戀》裡既沒有崔智友，也沒有裴勇俊。然而，我卻常常將這兩部電視劇搞混。）

我想要說的那個人的名字，太太先說出來時，我們就可以繼續聊下去，偶爾也會聊像下面這樣的內容。

「就是那對螢幕情侶啊！」

「誰？」

「去年結婚的新婚夫婦。」

「喔～那對夫婦，那對夫婦怎麼了？」

「聽說他們要分手了。」

「是嗎？聽說過得很好啊！」

在聊天的過程中，有時候真的很懷疑，我所說的夫婦和太太所說的夫婦是相同的嗎？

在電影《黃山伐（황산벌）》裡，百濟義慈王曾對階伯將軍說：「階伯，你是指這個嘛。」階伯也認真聽懂義慈的話。我們夫婦如果是韓國全羅南道人，就會以這樣的對話方式為主。「你知道這個嗎？」「嗯，是的。這個……」「還是說這個或那個。」我們對話中的專有名詞逐漸消失，取而代之的是代名詞，這時我就開始擔心自己是否罹患了失智症。

為什麼我老是想不起來呢？不僅病患的名字想不起來，就連一起辛苦工作的住院醫師名字也忘記，來實習的學生名字也幾乎通通記不起來。甚至連很久沒聯絡的朋友名字也想不起來，這使我陷入困惑。在我對自己記憶力逐漸缺乏自信的某個時候，獲得了海外的短暫研習的機會。從這時候開始學習平時一直感興趣的老人醫學與失智症相

關知識。

　　我選擇研究失智症的首要理由，並非要診療我的老人病患，而是擔心自己的記憶力。我想知道的是「我的記憶到底隱藏在何處？」我單純地認為被遺忘的記憶，應該只是隱藏在大腦的某個角落，如果知道那個位置，就對於找回已被遺忘的記憶有幫助。

　　在帶著興致勃勃的心情研讀相關知識的過程中，發現有很多人也很努力探究相關內容，且將某些內容重新整理過後發表，我也從中學習到一些知識，但也逐漸體會到大腦是人類很難完全理解的世界。現在所知道的知識就如同眼屎般少，說不定幾年後這些知識也會被判定為錯誤，而被推翻掉。即便如此，探究著目前我們人類所理解的記憶與大腦世界，仍是十分有趣的一件事。

　　在進修的過程中，接觸到許多病患和研究人員整理得有條不紊的資料後，進而對於此一課題有更深入的理解。我所習得的知識，僅僅是浩瀚的大腦與記憶世界之蒼海一粟。或許是因為想給予像我這樣，因為記憶減退而苦惱的人一些幫助，這成為了促使我動筆撰寫本書的唯一理由。各位讀者或許您也像我一樣正在進入「這個、那個的對話模式」階段？那麼就讓我們一起走進我們無法置信的記憶與大腦世界吧！

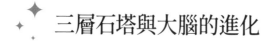

三層石塔與大腦的進化

　　韓國人在學生時期去慶州旅行時，一定會到佛國寺巡禮。佛國寺大雄殿前院有兩座高塔，即是在單調中卻散發出男性魅力的釋迦塔與展現華麗之美的多寶塔。

　　外觀迥異的兩座石塔之所以座落在同一個庭院裡，是與《法華經》的內容有關。

　　這是為了證明「現在佛祖」釋迦牟尼，曾在「過去佛祖」的多寶佛旁邊講佛法的這一事屬實。釋迦塔是現任佛祖釋迦牟尼的象徵，多寶塔是過去佛祖多寶佛的象徵。

　　為什麼談論到釋迦塔、多寶塔的故事呢？

　　這有助於瞭解經歷數億年發展而成的大腦層層結構。仔細觀察我們的行為後，會發現有時真的很理性，但有時很感性，有時卻無法擺脫本能，老是製造紛爭。「為什麼我經常不能依照決心或計劃實踐呢？」常這樣的我也會感到自責，但其實也不用太過於自責。這是因為我們的大

腦，是經過漫長歲月發展而層層堆疊的複雜結構。

　　將釋迦塔稱為三層塔，不奇怪嗎？仔細觀察釋迦塔之後，發現它的樓層比三層還多！不過筆者並未把最底層的地基視為一層，並計劃從我們大腦的地基起至一樓、二樓、三樓一一地探究。

　　在試著瞭解形成今日人類大腦之前，所經歷過的各種變化的過程中，發現隱藏在人類大腦裡的爬蟲類屬性與哺乳類屬性，就能比較瞭解我們的行為為何缺乏一貫性。

　　蚯蚓等保留原始型態的無脊椎生命體，並沒有單獨的大腦，全身是由神經組織所構成。很神奇吧！由許多束狀構成的神經組織聚集在背部，形成脊椎，而為了保護脊椎這種神經束，於是長出了背骨，並且以脊椎動物的樣貌誕生在地球上。魚類脊椎動物，是以脊椎裡的脊髓及其頂端為神經中心，並在此形成了大腦。

　　似乎很複雜？不過因為我並非那麼瞭解既深奧又纖細的大腦，所以無法說出複雜的內容。我的大腦偏單純，所以說的內容也會偏單純。請試著想像著邊參觀佛國寺釋迦塔，邊瞭解大腦的三層石塔的情景。邊看著書，邊出現的魚、鱷魚寶寶、小狗……。

海底總動員

「為什麼我連一條魚也釣不到呢？」

筆者平常不曾有過釣魚經驗，在擔任軍醫時期，被分發到韓國白翎島旁的小島－大青島。認識當地的事務所（相當於臺灣的村辦公處）技師金先生的關係，初次體驗到海釣。在深夜裡沿著險峻的懸崖往下走，與釣魚高手金先生一起釣魚。結果，就猶如各位所推測的一樣，他的釣竿釣到了各式各樣的魚，可是我的釣竿上連一條常見的黃鰭石斑魚也沒上鉤。最後我連一條魚都沒釣到，還在黑夜的歸途中嚴重扭傷腳踝，只有留下腳痛一個月的記憶。

第二次的海釣是與學生們，一起到西海岸小島上做醫療服務活動的時候。回程的那一天在整理完行李後，因距離船到達的時間還有一段很長的時間，於是某個人提議去海釣。搭乘小船，在海洋中間釣魚的感覺十分愜意。然而，這次的海釣仍然沒有釣到半條魚，只留下因為暈船，所以連半片生魚片也沒下肚的記憶。

　　經歷過兩次不太愉快的釣魚經驗之後，我就幾乎不曾再釣過魚。「難道是魚的頭腦比我好，因此才不會上我的釣鉤嗎？」

　　覺得水中魚的頭腦似乎比我略高一籌，於是想起了《海底總動員（Finding Nemo）》這部電影。尼莫（Nemo）是一條可愛魚的名字，身上有著橘黃色紋路。在出生之前就失去媽媽的尼莫，爸爸常不讓他去危險的地方，給予過度的保護。尼莫自以為很厲害，有一次脫離了安全地帶，被人類抓到並被帶到很遠的地方去。

　　尋找自己心愛小孩的魚爸爸，與罹患嚴重健忘症的多莉（Dory）相遇，並展開有趣的旅程。多莉的健忘症很嚴重，連剛剛聽到的單字一個也記不起來。無濟於事的多莉與魚爸爸，展開了尋找尼莫之旅。

　　電影中的魚，做出許多超越人類大腦所能想到的五花八門怪招，但是實際上，魚的大腦真的這麼聰明嗎？就大腦的形狀而言，似乎看不出來。地球的生命體是從水中開始誕生，再經歷進化的過程，就這個層面而言，魚是地球世上活最久的生命體之一。

　　魚的大腦擁有小而簡單的最基礎型態，背部的脊椎尾端變得稍微粗短，酷似懸掛旗杆的圓形旗頂。

　　診察病患時，偶爾為了仔細檢查神經狀況，用小型塑膠槌「啪」地敲打，膝蓋就會在無意識下進行反射動作。這個反射動作不會傳達到腦部，而是脊椎所發生的反射動作。魚的大腦可以說是進行基本反射動作的脊椎神經束，進化而成的粗短型態。

　　在前文中提到，構成釋迦塔最底層結構的地基，就具有魚大腦的屬性。關於石塔地基之上的三層樓屬性，是將透過接著要出現的鱷魚寶寶、我們家中的小狗、《牛鈴之聲（워낭소리）》中的牛等來分別探討。

　　當某個人敲擊自己膝蓋時，通常都會毫不猶豫地踢腳，這和條件反射道理是一樣的，是屬於不用大腦思考的人類行為。魚的大腦雖小，但比進行毫無意識地反射動作的脊椎等級略高一籌，所以這樣的反射動作是比魚更不如的行為。但偶爾在我們的身邊也會遇到像這種只用脊椎反射的人，令身為擁有大腦的人感到十分困惑。

鱷魚寶寶與美女記者

　　她因為窺視剛破殼而出的鱷魚寶寶，差點就發生意外，意外發生的經過如下。

　　幾年前，韓國電視旅遊節目，介紹了某個東南亞鱷魚養殖場。在這之前，我雖然看過幾次以鱷魚為主題的電視節目，但該節目播出了正在破殼而出的鱷魚寶寶。從蛋殼中甦醒的小鱷魚，與其他動物寶寶一樣體型嬌小、可愛。主持該節目的美女記者，覺得手指般大小的小鱷魚很奇妙，為了能仔細觀察牠，而將臉蛋靠近。就在這剎那間，鱷魚寶寶瞬間攻擊了女記者。

　　在以慢速播出的影片中，可以看到鱷魚寶寶跳起來咬住她的鼻子，受到驚嚇的女記者花容失色地躲開。幸好這次意外，就只像是被鱷魚寶寶用力親吻一下，沒什麼大礙，但她的臉差一點就留下嚴重的傷口。

　　看著節目的我也受到了很大的衝擊，且對於鱷魚寶寶的可愛印象立即改觀。「對，鱷魚就是鱷魚，鱷魚寶寶也是鱷魚。」換個角度站想，若各位是剛從蛋殼中甦醒的鱷魚寶寶時，會怎麼做呢？當鱷魚從蛋殼中甦醒時，應該是期待著與自己有相同遺傳基因之種族相遇。

　　說不定在牠的腦海裡已經畫好了長長的嘴巴，還有被高級鱷魚皮覆蓋住的鱷魚媽媽身影。然而，當從蛋殼甦醒時，第一個見到的生命體，卻完全與自己不同，嘴巴也不是長長的，肌膚也不是被鱷魚皮給包覆住，頭上還長有黑色毛，簡直就是個長相奇特的怪物。鱷魚寶寶這時可以做的是什麼呢？爬蟲類大腦本能的特質，只會做出兩種選擇，「攻擊或逃走？」鱷魚寶寶選擇了前者。

　　鱷魚等爬蟲類的大腦，大部份是由腦幹或像牛腦般，具本能性要素的成份所佔據。腦下脊髓次元所發生的條件反射，是在給予刺激時，會出現的一種反應。相較之下，爬蟲類大腦的本能性反應，只有攻擊或逃亡的兩種選擇。一般是選擇攻擊弱者，遠離強者。因此，面對任何刺激時，以攻擊或逃避的二種方法對待世界的人類大腦，不就與爬蟲類大腦的水準一樣嗎？

　　判斷所有事情的時候，以力量邏輯作為依據來決定行

動，特別是對弱者毫無同情心的無差別攻擊，或以柔弱女子為性犯罪對象等，都屬於爬蟲類的本能性大腦次元。若遇到像鱷魚般的人時，該怎麼面對？需特別小心！因為他們完全無法控制自己的本能，要把他禁錮在監獄裡，或者送到非洲沼澤去。

牛的眼淚

您見過牛的淚珠嗎？

不是指打哈欠時流目油的淚珠，而是因為傷心而留下的眼淚。有看過小狗的微笑嗎？是真心感到愉快而表現出來的微笑。

韓國有一部名為《牛鈴之聲》的電影。這是一部描述一頭老牛與老爺爺之間的友誼、生活和死亡的紀錄片。電影中的老爺爺，長久以來與牛一起種植農作物並生活。然而，隨著時間的流逝，爺爺變老了、牛也變老了。彎腰駝背的爺爺逐漸力不從心，老牛難過地望著老爺爺佝僂的身影而留下眼淚，眼淚被以特寫的方式呈現，幾乎佔據了整個螢幕畫面，老爺爺也以無盡地悲傷望著先離開人世的老牛。

幾年前我家領養了一個女兒，這個小女嬰不會說話，用四隻腳走路。事實上，她不是真的女嬰，是一隻名叫

「馬恩」（韓文的마음音為maeum，心情的意思）的小
狗。馬恩比任何一個人更瞭解我們的心，是我們家的可愛
寶貝。

　　我太太小時候在巷弄裡遇見小狗時，會爬到椅子或石
頭上面躲著，直到狗離開才敢下來，她十分怕狗。我為了
改變家中只有兩個兒子的冷清氣氛，並且希望家人的感情
變得更好為理由，說服了我太太養寵物，費盡千辛萬苦才
找到了一隻小狗，開始飼養牠。

　　飼養小狗時，在我們家裡針對「小狗也會笑嗎？」這
個話題，起了爭執。當我說小狗也會笑時，我太太最初
只是噗哧地一笑。「小狗怎麼會笑？只是看起來像在笑
吧！」太太說狗沒有表情，而且有很長的一段時間覺得我
的觀點很可笑！
　　然而，當太太變得非常疼愛小狗時，她每時每刻都在
解讀狗的表情。「牠感到壓力時，看起來很憂鬱喔！」
「喔，牠似乎很喜歡，是愉快的表情！」一直以來，家中
只有她一位女性，所以我太太把這隻小狗當作女兒般寵
愛。
　　我太太正在與小狗分享，無法與冷淡的丈夫和兒子分

享的母女之情。我又再次問太太：「現在還是覺得小狗不會笑嗎？」太太不回答，只望著小狗，露出溺愛的微笑。

我相信牛會流淚，就像相信小狗也會微笑一樣。因為，哺乳類動物裡有整理情緒的大腦，就是邊緣系統。爬蟲類動物的大腦若是石塔第一層，感情中樞邊緣系統則可以說是石塔第二層。

爬蟲類一生當中，以第一層的本能性大腦過生活。因此，對於像鱷魚般的爬蟲類而言，說不定幾乎沒有感情要素。也許這樣的結論有藐視爬蟲類的意味，但與哺乳類相較之下，爬蟲類的大腦結構確實是如此。

我們能與哺乳類寵物犬進行情感交流，當然，也可以飼養蜥蜴等類的爬種類，但與飼養小狗時所能擁有的感情交流完全截然不同，這是爬蟲類第一層腦與哺乳類第二層腦之間的差異。

因為可以進行情感的交流，所以小時候那麼害怕狗的太太，也能將小狗視為親女兒般寵愛。《牛鈴之聲》的牛與老爺爺之間的感情，也一樣那麼深厚。

誰住在最頂層

誰住在最頂層？

仔細觀察最近韓國新蓋好的大樓後，發現建設公司流行以頂樓作為設計的重點。韓國知名建設公司，為了華麗地展現自家建築品牌特色，選擇在屋頂上做非常富麗堂皇的布置。

不只在屋頂上做華麗的布置，也在頂樓特別規劃了大坪數的房子。許多大企業執行長的辦公室，大多位於公司最頂層，執行長在這裡擬訂各種計畫，再傳遞給各個單位。

而我們大腦的最上層有什麼呢？

最底層有以本能為主的腦，再上一層有哺乳類的感性腦。人類大腦的最上層為大腦皮質，是理性腦，擔負如企業執行長的角色。大腦皮質主要負責傳遞主要資訊，並將

想法進行整理後下達指示，大腦皮質發達是人類大腦的特徵。

　　從本能與感性的世界進入到新的理性世界。

　　問題是人類不是只擁有大腦皮質層。最底層本能為主的爬蟲類腦，偶爾對人類的暴力行為或性行為造成負面影響。看似理性的社會領導階層，也會有無法抑制自己本能的慾望，而時常登上八卦新聞。

　　還有哺乳類感性腦也會讓我們感情變得豐富。一直都是模範生的人，因為愛而蒙蔽了雙眼，忤逆父母，放棄所有一切，和某位女性一起遠走高飛，過新生活。看似理性的人類，有時候也會這樣被感情給席捲，做出非理性的決定，也會被本能牽著鼻子走，做出奇怪的行為。這是因為人類大腦不只是由大腦皮質所構成，而是包括本能腦與感性腦在內，像三層石塔般的層疊結構是彼此互相連結的。因此，做出了理性、感性、本能摻揉為一體的複雜行為。

　　所謂大腦皮質是指一種位於人腦最頂層的部位。從大腦皮質層裡產生的想法，與爬蟲類的本能與哺乳類的感情進行調節。人類與爬蟲類和哺乳類不同，力氣雖比較小，

卻使用從三層石塔最上層，所湧現出來的思惟力量生活。
這一點請大家要銘記在心！

　　我們不只擁有三層石塔的第三層，還擁有第一層與第
二層。若能徹底了解人腦的三層石塔結構，就能更加理解
自己與他人的行為與想法。

第二章

大腦的中心：
我的記憶在哪裡

記憶與感受

· · · · · ·

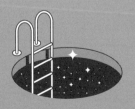

．
．
．
．
．
．

眼睛眨也不眨地盯著某個事物看，
每個場景化為一張一張
的影像底片，
傳輸到大腦的中心。

閉上雙眼雖看不到，
耳朵卻仍開啓著。
聲音檔雖比影像檔小，
卻也不斷地傳輸到大腦的中心。

輸入大腦的數以萬計場景與聲音，
由眼睛負責輸入，
由口與手負責輸出。

記憶與感覺，
正在消失或儲存。

該將最貴重的物品擺放在何處

「各位將最貴重的物品置放在何處？」

各位會將貴重物品擺放在毫無阻礙、一望無際的曠野上，任由他人垂手可得嗎？我想不會吧！應該會存放在家中最隱密處吧！若家中有安全的保險箱時，也一定會將貴重物品安全地存放在裡面。

然而，對各位而言，什麼最重要？

這個問題是與價值觀有關的問題，所以每個人的答案都會不同。那麼，就將問題範圍縮小，各位覺得身體哪一個部位最重要？手、腳、胃腸、心臟、腦……等，沒有一個不重要。

自己若很難依照重要性，將身體部位排列優先順序時，那麼就先來瞭解造物主，是如何創造人類身體的，也許就能從中找到這個答案的線索。就讓我們來窺探一下，

身體裡哪一個臟器被牢固的保護裝置圍繞著。

　　我們體內唯一被完美金庫包圍著的臟器，就是大腦。頭骨酷似一座牢固的金庫，圍繞在大腦的四面八方。也許是因為大腦是負責儲存記憶，而且如豆腐般軟嫩的神經組織，所以造物主特別為它製造了頭骨這個鐵櫃，作為保護屏障。

　　其他臟器呢？其他臟器周圍的構造似乎有別於大腦。我們所重視的心臟與肺部，也是由骨頭包覆的結構，被肋骨從背部環繞至身體前側給包覆住，肋骨是一種錯綜複雜如鳥巢般的間隙結構，並不像頭骨一般密不透風。

　　胃腸或大腸的結構又是怎麼樣呢？消化器官中的胃腸也和肝一樣，有一部分被肋骨保護住，只有後側和旁側被骨頭保護，前側部分則是暴露出來的。反之，手腳則是中間有骨頭，肌肉環繞在骨頭周圍。

　　以這樣的身體結構為論點依據，為臟器的重要性排序時，依序為大腦＞心臟＞肺部＞消化器官＞手腳！當手腳聽到這樣的排序方式時，不知道心情會不會不好，不過這是以保護裝置結構作為思惟核心，才會得出這樣的結論。

　　也許對人類而言，大腦是最重要的部分，才會安裝了

如此特別的金庫作為保護裝置。

　　不僅用堅固的頭骨金庫密封起來，就連分佈在腦部各個角落的通道－腦血管，也安裝了像鐵桶般的保全裝置。進入腦部的血管與腦部之間，毫無縫隙地堆積了「腦血管壁」，只讓大腦所需的氧氣與醣份等主要能量源通過，並將其他物質透過血液流入大腦的管道給封鎖起來。如此完美的屏蔽結構，當腦部發生異常時，也很難治療。當腦部因細菌感染而罹患腦炎時，治療時所需的抗生素也很難滲透到腦部，就要提高所需的藥物劑量，使治療遇到重重的困難。擁有牢固頭骨與完美腦血管壁系統的大腦結構，酷似CIA（中央情報局）總部的碉堡。

　　「我是誰？」

　　突然丟給您這麼深奧的問題，開始緊張起來了嗎？我並不是一個很有涵養的人，所以關於這個問題我也沒有正確的解答。然而，我的手臂是我嗎？例如，因遭逢意外事故，一隻手臂被截肢的我，就不是我了嗎？一隻手臂雖然沒了，但我依然存在。若因罹患胃癌，胃部被切掉一半時，情況又會變得怎麼樣呢？我依然存在。即使因肺癌導致部分的肺部失去功能，即使因意外事故失去了一隻眼

睛，難道我就不是我了嗎？不管身體受到任何的損傷，我依然是我。

　　腦部受到損傷後，我的記憶在完全被刪除的狀態下，也許「我」依然存在，不過已成為與過去這個「我」不同的其他存在體。

　　若我的記憶消失，維持我的自我認同之基礎將會動搖。所以，希波的奧古斯丁（拉丁語：Aurelius Augustinus）曾經說過這樣的話：「我就是我的記憶。」

　　大腦負責記憶的最重要角色，就是海馬（hippocampus，又稱海馬迴），是大腦記憶的核心。它位於被牢固金庫圍繞的大腦最深處的絕妙點上，即同時離聽的輸入裝置耳朵與看的輸入裝置眼睛很近的位置。總歸一句話，海馬迴就位於聽得清楚、看得清楚的大腦最深處。也許是造物主想將記憶儲存在，深不可測的安全地帶上。

　　記憶的確是為自己下定義的最重要要素。為了避免遭到小偷，於是將海馬迴妥善保管在牢固的金庫裡。

✦ 海馬只生活在海洋中嗎？

您見過海馬嗎？

海馬經常出現在以海洋為主題的動畫裡。海馬的外型真的很奇特，當人類大腦看到長得像馬的動物在水中行走時，很難想像世界上真的有這種動物。

事實上，我小時候認為海馬是在想像世界裡的動物。這是因為認為現實世界裡，沒有長得那麼奇怪的動物。我初次直接見到海馬的時候，已年過4O歲了，不過還不是會動的活海馬，是到國外旅行時，在海邊看到的乾海馬紀念品。雖然只是標本，但可以直接觸摸到從小就很好奇的海馬，所以內心很激動，於是就將它帶回家了。回到住宿的地方時，把海馬秀給家人看時的情緒比小孩子更興奮。

之後，在新水族館的某個角落裡，看到活海馬穿梭在海藻中，這使我在那個地方待了很長的時間。

海馬只生活在海中嗎？海馬不僅生活在大海中，也在我們的腦海裡生活，進行與記憶相關的學習，也是大腦的記憶中心。大腦裡的海馬迴體積如手指般大小，位於大腦中央深處，兩側各有一個，共有兩個。它的外形酷似大海裡的海馬，尾巴也呈捲曲狀。

您知道海馬的英語單字嗎？就是sea horse，簡單吧！

海馬，即是海中之馬的意思，學名為hippocampus，大腦裡的海馬迴英語單字也是hippocampus。

然而，hippocampus出自希臘神話，就是海神波賽頓（古希臘語：Ποσειδών，英語： Poseidon）騎著到處奔跑的愛馬。頭部和前腿長得像馬，身體的後半部與尾巴長得像魚。希臘神話中的海馬，也許是看到海洋中的海馬後，畫出來的虛構動物。

生活在海中，出現在希臘神話中的海馬是大腦的記憶中心，以儲存記憶為主要任務，偶爾也會突然浮現具創意性的點子。

大腦裡的海馬迴若無法徹底發揮功能時，會出現什麼樣的狀況呢？沒有海馬迴，所有的記憶並不會完全消失，只是很難將新的記憶儲存起來。

阿茲海默症初期的海馬迴部分呈萎縮狀，所以從最近的記憶開始遺忘，阿茲海默症研究者十分關注海馬迴是如何萎縮的。

《海底總動員》裡健忘症嚴重的多莉，也許就是因為海馬迴萎縮了。

《記憶拼圖（Memento）》就是一部以海馬迴無法正常發揮功能的人為主題的電影。

講述一個男子因遭逢太太被殺害而深受打擊，無法長期儲存新記憶的故事。電影中有記憶障礙的男主角為了找出殺害妻子的兇手，做了諸多努力。例如，用立可拍拍攝照片，在身體上紋身，企圖留住記憶。當出現無法儲存新記憶的狀況時，就會發生很多荒唐的事情。

談論海馬相關內容時，我的話變多了。幸好我大腦裡的海馬迴似乎還沒開始萎縮，所以就能用文字書寫出這麼多關於海馬的故事。

現在是須整理文字內容，進入睡眠的時候。睡眠中，做夢的REM睡眠（Rapid Eye Movement Sleep），是處於將各種影像片段進行重新編輯的狀態；深度睡眠Non-REM睡

眠（non Rapid Eye Movement Sleep），是處於將海馬迴編輯的資訊傳輸到大腦皮質，進行長期記憶。不管我們是在睡覺或甦醒的時候，海馬迴都是負責記憶的核心角色。

狗狗的夢話

　　曾經看過狗狗說夢話嗎？

　　我們家的小狗在睡覺的時候會說夢話。剛開始以為小狗是醒著的，看了牠一下，發現牠在深度睡眠的狀態下說夢話，輕聲地哼哼或大吼等等。也許在作夢吧！很好奇睡覺時牠做了什麼夢？

　　有人會記得自己做過的夢，有人也會像我一樣，一覺醒來，完全不記得夢的內容。就記憶層面而言，睡眠與夢皆很重要。一般人認為想要擁有好成績時，就須減少睡眠，加長學習的時間。韓國有句俗話說：「四當五落」，這是指睡四個小時，就能金榜題名，睡五個小時，就會落榜。真的是這樣嗎？當真正瞭解記憶的世界時，就會知道事實並非如此。

　　在睡眠時間裡，身體是在休息的，但我們的大腦是不

休息的，會開始要做的工作。這是大腦回顧一整天的生活，並進行重新整理的時間。

當身體開始睡覺時，大腦就會開始放映電影。在睡覺的同時，也在觀賞一天當中用眼睛拍攝下來的影像檔，與耳朵聽到的聲音檔。看到有趣的場面時，也許會笑，看到悲傷場面時，也許會流淚。大腦在睡覺時，重新看著白天的內容，並進行取捨，分類成要記憶的與要丟棄的。所以若沒有充分睡眠，記憶無法發揮正常的功能。我上大學的時候，下午若有考試時，考前通常會趴在桌上睡個10或20分鐘左右。這樣小睡一會兒後，大腦會有一種進行重整的感覺，反而會得高分。

當時很單純地認為這是睡眠提供的休息效果，不過在研讀大腦與記憶的相關知識後，才知道睡眠能製造出很好的效果。必須經由睡眠，大腦才能重新整理過去輸入的資訊。在睡覺的時候做夢，重現當天發生的事情，這是透過動物實驗發現的現象。

實驗者在老鼠的腦海中植入電極，再檢查牠的反應部位，老鼠醒的時候腦有反應的部位，睡覺做夢時也有相同

的反應。大腦在清醒的時候，將所看的或所聽的進行活化，在作夢時也會再次重新溫習這些內容。讀書時，若只是一直做重複閱讀，並無法把必須要記憶的內容記起來。

聽一次課，也不會記得。想要記起來，必須要複習並整理。因此睡覺是複習的重要過程，所以想要有好的記憶力，就需有充足的睡眠。

那麼睡眠不足時該怎麼辦呢？睡覺是隔絕外部世界的刺激，進入內部世界。若能與噪音和光線完全隔絕時，即能進入睡眠狀態。即使不能立即進入深度睡眠狀態，只要在無噪音的寧靜處，閉上雙眼、阻隔光線，即能收到與睡眠相同的異曲同工之效。

大腦區分成接收資訊與整理資訊的時間。白天從各種情況中接收到很多資訊，在安靜或變黑暗的環境中，就再也不能接收資訊，並轉換成整理資訊的模式。

因此，想要功課好，不僅輸入資訊很重要，讓大腦擁有資訊整理的時間也很重要。然而，家裡有考生的父母，不能只顧著要求孩子讀書，也必須讓他們擁有充足的睡眠。

現在我也要停筆上床睡覺了，睡眠過程中，說不定也會想起好的撰寫題材。而現在在沙發上說夢話的小狗，也正在重新整理某些記憶嗎？

電腦開機速度變慢的原因

　　電腦需要花一段時間，才能開機吧！這是因為正在讀取開機時所需的系統檔案。

　　不過最新上市的筆記型電腦，開機速度真的很快。這並非中央處理器（CPU）功能變好，而是更換了不一樣的讀取資訊儲存裝置。大部分是用名片大小的SSD固態硬碟取代硬碟，硬碟是以馬達轉動自己的磁盤來讀取資訊，與傳統的LP黑膠唱盤的原理一樣。現在已沒落的CD也是以轉動磁盤來讀取資料。因為要邊轉動這種記憶體，邊讀取資訊，所以速度才會慢。然而，新儲存裝置SSD固態硬碟，和我們常使用的USB 隨身碟一樣，是直接在快閃記憶體中讀取資料，所以速度十分快速！

　　曾想過若桌上型電腦速度變慢，而將硬碟換成筆記型電腦的SSD固態硬碟時，會發生怎麼樣的狀況呢？上網搜尋後，發現已經有很多人這麼做了。

現在的SSD固態硬碟價格已比過去便宜很多，所以我就買來安裝看看。經過幾次錯誤的安裝後，終於改裝成SSD固態硬碟，電腦速度真的變快。

改裝完這台電腦後，就想起了以前使用過的古董電腦。那時候孩子對於速度慢到誇張的電腦很生氣，而一直要求換新的。當時桌上型電腦已經用很久了，快要壽終正寢了。它旁邊的古董筆記型電腦的情況也差不多，開機沒多久後，底部就會快速變熱，熱得像在煎荷包蛋般，隨時可能會當機。

我生日的時候，來到我家的姐夫看到那台電腦時，建議重新將硬碟格式化，再安裝Windows，速度就會變快。心想反正是要丟棄的古董電腦，那就重新將硬碟格式化，安裝許多新軟體。結果，獲得比期待更佳的效果。開機速度也變快，一般的軟體也能順利運作，孩子們也不再吵著要換電腦。

電腦開機速度之所以變慢，是因為軟體在運作過程中出現問題，在讀取很多要執行的資訊片段，於是打結在一起。讀取速度快速的SSD固態硬碟也一樣，當許多軟體片段打結時，速度會逐漸變慢。

　　隨著年齡的增長，從井然有序地堆疊的檔案中找出要記憶的內容，越來越難。我們的大腦也會像各種檔案打結在一起的舊電腦一樣，讀取各種資訊的速度變慢。於是會出現忘記人的名字、忘記放手錶的地方等健忘症症狀，但這並非老人失智症。老人失智症中最常見的阿茲海默症，主要是記憶儲存功能發生問題，新資訊檔不太能儲存在大腦裡。反之，健忘症是在讀取已儲存的資訊過程中，因不適當的程序而導致記憶取出的速度變緩慢。

　　這是因為我們的大腦一整天自動儲存影像檔與聲音檔，所以讓大腦變得複雜。偶爾我們的大腦也需要像電腦一樣將硬碟重新格式化，重新安裝。對於日常生活所見或所聞的聲音檔與影像檔，大腦也會想要暫停儲存。

　　我們的大腦無法完全格式化或重新安裝，也無法改裝SSD固態硬碟。但請偶爾閉上眼睛，阻斷聲音檔和影像檔的傳輸，進入冥想的狀態，我們的大腦就會像電腦一樣重新整理資訊。現在我們需要擁有一些時間，像重新整頓開機緩慢的電腦般，清除不需要的零碎資訊。

輸入多少就輸出多少

我十分羨慕,而且覺得很好奇,他和我差多少歲?

進修結束後,開始擔任講師,每當看到自己尊敬的教授活躍地進行研究活動,並擁有很多成果時,都會很好奇他是怎麼做到的?若就想出新的創意點子或規劃新計劃等想法而言,他和我沒有多大的差異。那麼在哪一個點上拉大了差距呢?我在旁觀察的結果,得出了「輸出」差異的結論。

與經常只停留在腦海想法水準的我不同,那位教授每當想起某個想法時,就會進行輸入的動作。更重要的是,將輸入的內容,用紙進行輸出。所以事情也會順利推動,獲得碩果。

記憶三步驟分別為輸入、儲存、輸出。閱讀或聽的輸入功能,主要是由腦中後側負責的。在耳朵的部位上有腦

的額葉（Frontal Lobe），主要負責語言中樞。用眼睛看，是由腦部最後側的枕葉（Occipital Lobe）負責的。

在大腦後側主要是進行輸入，過程中若需要長期儲存時，大腦後側就會分別輸送到整個腦部，並進行儲存。

那麼，將已儲存記憶執行輸出的部位在哪裡？若更正確說明輸出的定義時，是指將儲存的內容取出的提取概念。

書籍閱讀或電影觀賞是代表性的輸入過程。然而，閱讀或觀賞之後，你能記得住嗎？對於讀後感觸甚多的書籍，若某個人問書籍的內容時，可能連一句書籍的內容也說不出來，只能含糊其辭地回答說：「這真是一本好書」。

《槓桿閱讀書》（日文原名：レバレッジ。リーディング〔LEVERAGE READING〕）的作者本田直之，告訴我們閱讀後的輸出之重要性及具體實踐方法。他說閱讀時，請幫書籍的重要部分劃線，並將頁角褶起來。閱讀完書籍之後，將重要的內容用電腦輸入後，再列印出來，並隨身攜帶這些好印的紙，拿出來反覆閱讀，把這些內容變成自

　　的。這就是他所說的，將售價3百元的書籍變成價值3萬元的方法。

　　方法雖簡單，但問題是如何實踐。只閱讀與閱讀後做筆記再列印之間，一開始的差異十分微小，不過經過一段時間後，就會演變成只記得書名的人或是將書籍內容變成自己的人。

　　現在即使不用紙列印出來，也可以在手機裡等處做筆記，之後即可隨時打開手機來閱讀。

　　功課好的學生擁有繼續讓功課更好的學習條件。因為我們在解數學或物理習題時，遇到不懂的地方，一般都會去問功課好的同學。那麼功課好的學生在準備考試期間，就會因為周遭的朋友問那些問題，而重複做了或教了好幾次。學生易錯的問題一般都常出現在考卷裡，教導這些問題的學生，當然就能將那些問題解得很好，而學習那些問題解題方式的學生們，也會非常高興自己學的問題出現在考卷上，但偶爾也會因為失誤而做錯。

老師比學生更懂的原因，除了學習很多知識外，也因為將自己所學的教導給學生。而教朋友解題的學生已不再是學生，而是在某個時間點就與老師的水準相當了！

《與成功有約：高效能人士的七個習慣（The 7 Habits of Highly Effective People）》作者：史蒂芬・柯維（Stephen R. Covey）　於2003年得到「模範父親獎」，把9名子女教育得非常好。他告訴記者他教育子女的方法如下：

「我要求子女將在學校學的內容教父母。給予孩子們必須將所學的內容原封不動地教父母的義務，孩子們就會更努力集中精神在學習及實踐上。」

一想到之後要教他人，所以用心聽課，再將所學的教導他人，進行輸出，這種類型的學生和聽課過程中，因發呆而只進行輸入的學生是迥然不同的。

最有效的學習方式，就是教導。彼得・費迪南・杜拉克（德語：Peter Ferdinand Drucker）不是也曾說過：「知識勞動者自己將知識教導他人時，能得到最佳的學習效果。」

不論是何種型態的輸出習慣，皆為學習之最。即使不寫在紙上或打在電腦上，用嘴巴自言自語，用手試著寫寫看，試著自己成為老師，而不是當學生。那麼前腦就會找出已儲存的資訊，並努力進行輸出，這麼做才算完成記憶。

現在不要成為只做輸入動作的人類。只輸入，那僅止於閱讀或看過，只達到自我滿足的階段，重要的是經常嘗試做透過前腦取出輸入資訊的輸出步驟。

若正在苦惱著要先進行輸入步驟或輸出步驟，那就不要再做這個苦惱的主題。無論如何，想要輸出之前，就須填滿資訊，所以當然是要從輸入開始著手。想進行輸入的動作，大腦裡須有閒置空間。不過已經被過去的想法塞滿的小腦袋瓜裡，還可以進行輸入動作嗎？

所以要從清除動作開始著手，才能挪出閒置空間，輸入新事物。

經過清除過程後，思緒就會變得井然有序。首先，從輸出開始做起，將留在腦海裡的思緒殘渣清除乾淨。

　　為了將附著在臉部的微細灰塵擦拭乾淨，我們每天都要洗臉。我們也須將腦海中殘留的思緒灰塵抖掉，才能裝進新東西。試著邊將自己腦海裡的想法敲打在鍵盤上，邊將這些思緒片段清除，您覺得怎麼樣呢？

　　請試著邊敲打，邊進行輸出。輸出並非只是為了填滿，而是為了輸入更多新內容所進行的輸出，應該可視為是一種為了將腦部清潔乾淨的輸出。

　　對自己而言，敲打鍵盤也可以成為一種冥想方式。也許你會想，在清潔腦部的方法中，沒有比敲打鍵盤更好的方法嗎？今天就試著邊敲打鍵盤，邊將腦部清除乾淨吧。輸出是在打造閒置空間，那麼就開始自己的冥想吧！

己

你是用眼睛閱讀呢？
還是用手閱讀呢？

　　我們生活在龐大閱讀內容的環境中，在人類史上，應該沒有透過各種媒體閱讀如此大量文字的人類吧？這可以說是閱讀人（Homo readicus）的誕生嗎？

　　在眾多閱讀媒體的排序中，書籍的排名雖然逐漸在倒退，但仍是重要的閱讀媒體。尤其在資訊氾濫的環境中，導致書籍須採用以深度探討某一主題的形式問世。

　　閱讀書籍是使用眼睛的行為，文字是透過眼睛傳達到腦部，眼睛是最有效率的輸入器官。

　　我們在短時間內用眼睛讀取十分多的資訊，並進行輸入。人體的輸入器官中以眼睛的輸入速度最快。所以當眼睛以外的其他器官在讀取資訊時，我們容易分心。例如，

聽力雖然也是十分優秀的輸入器官，其功能卻沒有視覺功能佳。用聲音傳達書本內容，其傳達速度比視覺慢很多。

因為這種資訊處理速度的差異性，導致我們很難集中精神聽課。透過耳朵所傳達的資訊之處理速度，很難與我們大腦的資訊處理速度並駕齊驅。在幾種輸入器官中，視覺是最快速的輸入器官。

除了視覺以外，還有哪些輸入器官呢？前面所說的聽覺，絕對是極佳的輸入器官，問題是速度比較慢。聽力是迅速且敏捷的輸入器官，問題不是聽的速度，而是說話的速度慢。說話速度最多只能加快到一定的程度，所以聽的速度與品質是有極限的。不是聽覺的問題，而說話的嘴巴才是聲音輸入器官的問題點。

輸入人類大腦的管道，大致上分為眼睛、耳朵。當然我們也能用觸覺輸入狀況，用鼻子在心裡記住香氣，用嘴巴記住食物的味道。然而，大部分的資訊輸入工作，是由眼睛與耳朵負責的，尤以視覺為五感之最。

然而，視覺也有問題。用視覺輸入的速度雖然迅速，但消失率也高。因為輸入那麼多的資訊，除非印象十分強

烈或重複性高，要不然易發生資訊被丟棄的狀況。若不丟棄，用視覺傳輸的數以萬計資訊，也可能瞬間使我們的大腦麻痺。所以除了重要及需要的資訊以外，無法完全儲存，將會消失。

還有一個問題，即使是重要的資訊，有時候也會出現無法完全讀取的狀況。大腦不會以電腦檔案的型態儲存資訊，電腦則是以檔案為單位，儲存在硬碟等儲存裝置的某個地方，當下達取出的命令時，整個檔案就會被取出。大腦則會將輸入的資訊進行拆解，依照各自的結構成份分別儲存在腦部的各個領域。當下達輸出命令時，分散在腦部各個角落的各種結構成份就會聚集起來，重新組合。由於這種腦部資訊的處理過程，導致了只記得場所、不記得日期，或只記得人的臉蛋，卻忘記名字等現象的出現。

因視覺輸入資訊消失的特質，大腦讀取儲存資訊的方法等，使得閱讀書籍後，只留下對書本很好的感覺，但詳細內容卻記不起來。使得我們把很多時間浪費在無法記住資訊的閱讀上。

那我們為什麼還要閱讀書籍呢？那我們為的是將這些資訊累積在我們身體的某一個角落而閱讀的嗎？為什麼需

要累積資訊？

　　若將往大腦內部堆積的方向轉換成往外的方向，我們就可以得出不同的答案，即為了將這些資訊傳達給其他人。我們透過書籍進行資訊輸入，不是單純地為了在體內累積知識，而是將累積的資訊進行統整，傳遞給需要的某個人。若為了將資訊傳遞給他人時，只用眼睛閱讀是不夠的。

　　若將輸入場所從腦部擴充到其他地方，輸入器具的選擇性即會變得更多元。若想儲存在非腦部的第三場所，就須選擇其他輸入方式。那麼要輸入到哪一個地方呢？人類發明了電腦這一種儲存裝置，也發明了電腦的主要輸入裝置－鍵盤，可以透過鍵盤將資訊傳輸到電腦硬碟裡。

　　最近不是將資訊儲存在電腦硬碟，而是雲端裡，那只是遠距電腦的大型儲存空間。這是指透過網路，將資訊儲存在雲端這個假想空間。不過雲端並非假想空間，而是實際存在的儲存空間。

　　若想將資訊儲存在電腦裡時，現在須使用不同的輸入方式，即是用手，而不是眼睛。手自古以來即是重要的輸

入器官，例如，韓國的高麗壁畫就是用手在石頭上繪畫，並流傳至今，是現今理解當時生活的珍貴資訊。

紙被發明以前，手用毛筆或筆在羊皮紙或竹簡上留下文字，並進行傳播。在電子時代改用鍵盤輸入資料。無論如何，手是將某種資訊儲存在小腦袋瓜以外的儲存裝置後，再傳遞給他人。不管是紙還是其他電子儲存媒體，最重要的是先儲存，再進行傳遞。

人類是活用手的動物。自活用手的人類－巧人（Homo habilis로）起，就生活在有別於其他動物的其他世界裡。其他動物也用眼睛輸入資訊。用人類獨有的手閱讀世界時，就從單純地資訊輸入的資訊消費者，轉換成將新資訊融入世界的資訊生產者。

從現在起，請試著用手閱讀吧！要成為不只用雙眼，也會用雙手閱讀的人類。

✦ 看過最有趣的電影

看過的電影中哪一部最有趣？

趁您還在思考的過程中，讓我們先看看其他人的回答。

某一天，韓國中央日報「斤斤計較百問百答」（시시콜콜 100문 100답）專欄中，對首爾市長候選人提出了這個問題，四位候選人的回答很有趣，其中有兩位選擇〈齊瓦哥醫生（Doctor Zhivago）〉，另外兩位則選擇〈賓漢（Ben-Hur）〉。

看似很古老的電影，我因為好奇這兩部電影的上映時間，於是查詢了一下資料。〈齊瓦哥醫生〉於1965年上映，〈賓漢〉於1959年上映，皆是1950年代的電影。就這兩部歷史久遠的電影深植人心這點來看，這兩部似乎都是鉅作，但我仍然無法抹去它們是年代久遠的老電影印象。該不會是候選人太忙碌了，所以最近都沒時間看電影吧！

　　朱澈煥（주철환）製作人針對這則新聞報導撰寫了一篇評論。

　　「在世界上無數的電影中，兩位候選人的喜好竟然重疊了。並非問『感觸很深』的電影，而是問『覺得有趣』的電影。這是顧及形象的策略性答辯嗎？答案是肯定的。答案重疊的候選人擁有共同的有趣記憶，而且也與『我』生活在同一個空間。

　　像『我』這一世代的人，會在期中考、期末考結束後，成群結黨地去電影院看最熱門的電影。」

　　他的短評做了這樣的結尾。在唱著以純韓文寫成的韓國流行歌曲的時代裡，當時學會了單純未來、意志未來這兩個新詞，意思常容易搞混，不過現在已經會辨別了。年紀增長叫做單純未來，下定決心叫做意志未來。長壽是單純未來，活得年輕稱為意志未來。

　　他雖然認同的他們的回答，但我很難認同。反而在內心做了一個小小的決定，若任何一個人都對我提出這類問題，我不會提及數十年前看過的電影。即使不是電影問題，而是書籍或旅行經驗，我的回答也一樣。一天有數以萬計的新書上市，對於「記憶最深刻的書籍為何？」的問

題，數十年前閱讀的書籍，連書名都很模糊了，不太會有
印象。世界這麼大，關於「印象最深刻的旅行地點」的問
題，數十年前去過的地方，現在早已人事皆非了。

　　我試著下定決心不談數十年前的話題，而是談最近看
過的電影、閱讀過的書籍、最近去過的旅行景點等等，這
些都可以豐富聊天內容。

　　曹南俊（조남준）的畫作〈酒館風情畫〉（술집 풍
경）上寫著：「青年聊未來，中年聊現在，老年聊過
去。」

　　說不定有一天變老的時候，會談起陳年往事。然而，
在可以活動、可以閱讀的時候，卻想要被過去給牽制。若
只活在過去的旅行回憶，只談論過去曾閱讀過的書籍或看
過的電影，那麼就是停留在過去的時間點，活在過去。

　　年紀增長是與個人意志無關的時間次元。時間是以什
麼來填滿，就屬於意志的次元。活在單純未來還是意志未
來，取決於自己的決定。這就像是在酒館裡，談論未來、
現在或過去，取決於自己一樣，我們以各自的方式來填滿
各自的時間洪流。

在談論有趣的電影話題中，卻談到這麼嚴肅的問題。

那麼準備好要回答了嗎？你覺得最有趣的電影是哪一部？

✦ 記憶被抹去，感覺仍猶存

「您忘記早上和我通過電話了嗎？」

這是某人的兒子低著頭對他媽媽說的話。他的媽媽住在老人療養院裡，他因為工作忙碌，無法常來探望，而打電話來的意義也逐漸消失。

這位媽媽的記憶被抹去，對於她周遭的家人與朋友而言，這是一件難過的事。對於記憶消失患者的依戀之情，也逐漸變得毫無意義，而失智症患者真的也會忘記我們對她的照顧嗎？

在談失智症之前，我們先來談論自己的故事吧！最近有看過電影嗎？什麼樣的內容？你所記得的內容是否正確？我們也會在看完電影或書籍的一段時間之後，不小心把內容搞混。將自己感觸很深的書籍介紹給朋友時，朋友問：「是什麼樣的內容？」但記憶已模糊，只能含糊其辭地回答：「嗯，不管怎麼樣，是一本不錯的書籍，你一定

要讀看看。」不管什麼樣的書籍或電影，記憶會被抹去，但感覺卻會長久留存。

　　記憶中樞是大腦的海馬迴，阿茲海默症患者的特徵，就是海馬迴萎縮。反之，看完了某些東西之後的感覺、感受，是由腦部杏仁核所主導。杏仁核就是位於海馬迴的旁邊，會將記憶與感覺結合在一起。令人驚訝的有趣事實是，長期記憶也與海馬迴與杏仁核有關。阿茲海默症病患即使因海馬迴萎縮而導致記憶障礙，杏仁核若仍然正常時，那種感覺就會長久留存。

　　有一次去老人療養院裡做診療時，過去經常垂頭喪氣的老奶奶，因為某件事情而心情變得很開朗。原來她女兒昨天來看她了，我問老奶奶：「老奶奶，昨天誰來看您？」她雖回答說：「沒有，沒有人來啊！」但表情卻是開心的。女兒來訪一事早已遺忘，但看到女兒的感覺依然記得。

　　失智症患者不會記得過去與家人相處的記憶，也逐漸會忘記家人，而且心情會變得沮喪。這種沮喪現象出現，是因為周遭疏於對失智症患者的照顧，以及互動和關心減

少所導致的。

　　請打一通電話，或抽空探望一下失智症家人。他們記憶雖被抹去，然而那種溫暖的感覺依然會永遠留存在心裡。

第三章

左腦的故事：
想法並非自我

想法與集中

· · · · · · ·

外面的聲音聽得到，
內心的聲音卻聽不見。
我們內心發出的聲音，
稱之爲想法。
想法不會靜止不動，
在過去與未來之間來回穿梭。
想法會不斷地流竄、改變，
起初就在那個位置上的想法，
以我們的主人自居。
越想要集中時，
各種想法越是在腦海裡亂竄。

✦ 想法中毒

今天沉溺在哪一種毒裡呢？

我們身體即使靜止不動，自然產生的想法卻會不停地活動，有時候我會無法擺脫想法，有時候也會覺得那些想法就是我自己。您是否也身陷在「想法中毒」中？

在過去，抽菸的行為被視為是一種個人的嗜好，最近被宣稱是一種疾病。實際上，這種疾病的病名為尼古丁病。毒品中毒是最困難的疾病狀態，會造成個人與國家的傷亡。那酒精中毒呢？在門診診療室裡經常接觸到酒精中毒患者，這是一種很難治癒的疾病。

酒精中毒患者雖每次誇下海口說自己一定能戒酒，事實上靠著自己的力量戒掉的案例，則少之又少。

即便如此，所謂中毒的意義為何？將其定義為「自己無能力中斷」。想要中斷自己重複做的行為，卻無法中斷

的狀態。

　　我是誰？也許會認為腦海中不斷浮現的個人想法，就是我吧！想法並非是我，想法即使佔據我整個大腦，依然不是我。想法僅僅是我的一部分，只是附著在我身體上的某個存在，寄生的存在。若陷入想法的泥沼中無法自拔時，就是陷入想法中毒的泥沼中。

　　想法中毒與其他中毒一樣，想法也是會自己亂竄，偶爾卻無法中斷，就這點來看，想法也是具有中毒的特性。

　　若透過一杯酒，就能與朋友在良好的氣氛下聊天時，那這一杯酒就能成為與他人溝通的良好媒介。然而，從一杯酒增加到一兩瓶酒，再增加到兩三瓶，就是成為使自己昏厥的要因，那就是威脅生命的毒品。不是自己在喝酒，而是變成主客顛倒，酒在喝自己的狀況。若隔天又再次想要找酒喝時，就是個中毒者，酒精中毒者。

　　想法也一樣。我們的生活中，若將想法視為與他人聊天與溝通的媒介時，就是必需品。因為這個必要性，使得想法附著在我身上，是經過各種過程而形成的。

各位曾有遇過這個人以主人自居，顛倒主客關係的經驗吧！相同的想法不斷地重複，就是想法中毒，與其他中毒一樣，想法中毒也會使我們身心俱疲。

憂鬱症的本質，就是無法擺脫過去的想法所導致的。在生活的過程中，沉浸在過去的美好回憶時，會讓我們散發出微笑。反覆的想法，大多喜歡執著在負面事物中。反覆的想法，大多是集中精神在消耗能量的黑暗事物上，而非開心的事情上。所以憂鬱症患者有無法擺脫過去悲觀思惟的傾向。

接著我們分析一下焦慮症吧！焦慮症患者，是未來的某個想法一直在腦海裡盤旋。對光明未來的期望，一般會成為我們充滿活力的動力來源。未來具有不確定性的特性，誰也不知道明天會發生什麼事情。想要個人自由，卻無法如願以償，這就是未來。

這種不確定性成為未來的不安要素。所以被未來的想法給淹沒時，就會變得焦躁不安。焦慮症患者被未來的想法消耗大部分的能量，不安與恐懼之火不斷燃燒時，就會把焦慮症患者烤焦。

　　當我們想中斷這種悲觀思惟，卻無法中斷，且深陷痛苦之中時，就是一種「想法中毒」，它會讓我們陷入憂鬱與不安中。

　　中毒的特性若是不斷反覆的行為，那麼該如何中斷呢？中斷後，須集中精神在哪些方面上呢？

　　憂鬱與不安是對過去與未來的反覆想法，那麼就中斷這些想法，集中精神在現在。徹底洞察現在的生活，才是生活的本質。偶爾可以回顧過去，也可以期待未來。那些都是讓現在生活過得更充實的手段，過去和未來若支配現在時，就是主客顛倒，生活的主人不是過去或未來。

　　從想法中毒中解脫出來，並非易事。想擺脫中毒，首先須檢視自己是否對某事中毒。我並非由任一想法主控，須檢視以主人自居的我，真正的想法是什麼？為了檢視，須先中斷想法。佇留在現在，觀察哪些想法的我才是真正的我。

✦ 不曾有過爭吵嗎？

　　過年過節的時候，親朋好友聚集一堂，愉快地聊天，偶爾也會出現提高聲量、爭鋒相對的場面。

　　最近在韓國報紙上，刊登了一則與過年過節有關的新聞報導，內容是親朋好友齊聚一堂時說話的技巧。西方社會在舞會等社交場合裡，不會談論宗教相關話題。某個韓國人也曾說過，在海上乘船時，不應談論宗教與政治等話題。因為若在船上發生爭吵時，在下船之前彼此要常常碰面，無處可躲，容易導致不可收拾的後果。

　　然而，是為何而爭吵呢？為何每當談到那類話題時，就會引爆如同生死決鬥般的爭吵呢？

　　這是因為很多的人都擁有強烈的政治偏好及民族性。綜觀世界歷史，有無數的戰爭也是因為宗教或政治理念衝突所引發的，現在世界上仍到處可看到這樣的狀況，可見這不只是我們有這樣的問題。即便不是談這類的嚴肅話

題，只要對方踩到自己的某些底線時，為什麼就會感到不悅，而提高聲量呢？

《當下的力量：通往靈性開悟的指引 （The Power of Now： A Guide to Spiritual Enlightenment）》一書的作者艾克哈特‧托勒（Eckhart Tolle）分享了如下的智慧。

「任何一個人皆可以主張自己才是正確的，他人是錯誤的。這是到處可見的普遍現象。從表面上看來，這是極為正常的，但事實上也是根植於人們對死亡的恐懼。這些都只不過是自己的立場，卻執著地認為這些立場就是代表自己，那將會發生什麼樣的狀況呢？若自己主張是錯誤的，內心作為基準的自我意識會產生危機感。所以自大狂是無法接受自己的錯誤，因為那就等於判了自己死刑一般。因此會引發紛爭，破壞人際關係。」

沉穩老練的老人曾說過，「在愉快的場合裡千萬別談宗教或政治，這只會引發爭執，在彼此的內心裡留下傷痕。」然而，為什麼在愉快的場合裡面，須避開宗教或政治等話題呢？對某個人而言，宗教信念或政治理念是牢不可破的想法，若碰觸到那些內容時，會倍感威脅。（啊，

談到這些內容，可能已經有人準備反駁說：「才不是那樣。」）

　　那麼換個稍微輕鬆的話題。平日抱持著單身主義的外甥，在過年過節的聚會場合裡，常會聽到「你為什麼還不結婚？」等話。說這些話的人，是因為關心已到適婚年齡的外甥而脫口而出的話，可是聽者的內心卻難免會有點受傷，但只要把這些話當做耳邊風即可。可是偏偏這時旁邊的某個人又補了一刀，於是他就提高了聲量，反駁地說：「不要再說了」等字眼。

　　為什麼會有那樣的反應呢？那些話本身就威脅到自己的存在感，所以回答的聲量才會變大。那是自己的生存方式，但威脅到自己的想法時，就會覺得受到攻擊。「想法與自己」的關係越緊密，當想法遭受到攻擊時，就等同於威脅到自己的存在感。自我存在感動搖時，就會覺得受到類似生命的威脅，即便是微不足道的小事，也會引爆如同決一死戰的反應。

　　所謂想法，是在歷經漫長的進化過程中，與人類締結了密切的關係。然而，想法並非就是我，不管任何一個時

刻，想法若以主人自居，就會發生問題。

　　笛卡兒曾說過：「我思故我在」，提高想法的地位，讓想法抬頭挺胸，大聲疾呼地說：「我就是主人。」韓國的古人領悟到「想法並非自我，檢視想法的觀察者才是真正的我。」這個道理是比笛卡兒的觀點更深入的內容，在當代將這些古人的領悟，傳授給他人的埃克哈特大師（Meister Eckhart）也提出了他的觀點：「您正在捍衛什麼呢？難道不是虛構的自己和內心，所打造出來的形象及虛假的實體嗎？」

世界上只要沒有should（應該）

　　世界上只要沒有這個單字，人們就不會那麼痛苦吧！父母就不會刁難小孩，老師就不會刁難學生，即便沒有人刻意刁難，自己的一生中也會被這個單字刁難。

　　那是哪一個單字？

　　就是should，就是should。

　　should？ Should哪裡出問題了嗎？

　　請試著回顧一下自己的人生。有這麼多的should綑綁著自己的生活，讓自己無法自拔。「我必須勤勞、我必須善良、我必須完美、我必須做到、我必須得到讚美。」

　　所有的一切各自都擁有美好的特質，不一定需要should。朝著那些方向努力，並非命令你完成那些目標，你不可能隨時都那麼做，也無需那麼做。「那我必須做什麼呢？」請不要將這麼沉重的句子放入你的生活中。

我診療的一個老病患，從幾個月前表情開始變得凝重。在公司裡負責要職，最近則必須處理自己很難承擔的工作，所以覺得壓力很大。我利用空檔與他分享了許多故事，並試著思索著是否有戰勝壓力的方法，於是就跟他分享了這些關於should的句子內容。

幾天前我見到他的時候，臉上已有了開朗的笑容。服裝也不再是平日的西裝打扮，而是牛仔褲搭配襯衫的打扮。那一天他身體不適，所以在家休息，工作這麼久的他，從未想過自己有一天會請病假。上次談完後，他自己試著想想should為何物？將綑綁自己的幾個should拋掉之後，突然之間就感到心靈自由了，那一天他燦爛的笑容深印在我的腦海裡。

我們各自將should這個助動詞放入我們的想法裡，綑綁自己。其實生活裡沒有should這個單字也無妨，但我們卻刻意地將它放入想法句子裡，把自己的想法打造成像混凝土般堅固。生活在should做成的混凝土中，任誰都很難喘息。

請試著分析自己常使用的想法句子中有無should，若

有，就請果斷地將should刪掉。

這麼做，世界也絕對不會被炸毀，自己也依然存在。也許除掉should的樣子，才是自己原來的樣子。請試著接受不加入助動詞的純粹型態的句子吧！

我也會審視自己內面的should為何？雖然希望這個單字從未出現過，但既成的事實已無法改變，須自我審視，偶爾刪掉一些。

各位各自擁有什麼樣的should呢？在這無數個的should中，要不要試著至少刪掉一個呢？

毫釐之差

　　我和他就一筆之差，「行」與「不行」就只有毫釐之差，可是我卻還是那麼地執著。為何那麼辛苦呢？「壞人」與「好人」也是毫釐之差。對我好一點的人，就是好人，讓我難過一點的人，就是壞人。

　　本來沒有太大的差異，但將這樣的差距拉大的問題製造者，就是想法。在生活中只要發生什麼事情，想法就會把它改造成不同的。想法不會放任某事不管，會把該事改變成不同的，這是想法專做的事情。原貌小時，取而代之的是變得不同的樣貌，就因為想法的關係。

　　想法喜歡改造，特別是大改造。最初可能只是小改造。原本只是小事，無需特別費心，想法卻賦予它更大的意義，於是釀成問題，但該問題並非最初的問題。

變成了其他問題，不是成為小問題，而是大問題。

想法具有把問題變化成不同的特性。但也因為想法的關係，出現了與眾不同的獨創性產品、新概念。想法也會從微不足道的小事物中尋找出較大的意義，這麼看來，它也是個不錯的傢伙。不過話說回來，有的人也因為想法的關係，生活變得艱辛。

微小的事物密密麻麻地出現後又消失，這就是生活的現場，但想法卻把這些搞大。原來的樣子只不過是一顆顆的橢圓形鵝卵石，但想法卻把它變成鋒利的石頭凶器，用來打擊我們的身體，所以我們受傷、流血、流淚，我們的人生就像一堆聚集的鵝卵石。

只是想法把它們變化成不同的。鵝卵石與大石頭最初只是毫釐之差，說不定最初並沒有大石頭。人生的河邊是由無數的鵝卵石聚集而成的，請別讓想法把一筆之差變成雲泥之別，請依據原貌觀察。

✦ 像客人般對待想法

「醫師，我比以前好很多了！如果再出現像之前一樣不安的症狀，該怎麼辦呢？」

因偏頭痛與恐慌症，從很久以前就來接受診療的某位女性提出了這樣的問題。

每個人都會有不安的情緒，我也會有不安的感覺。我的病患會因病況沒有好轉而惴惴不安，有時也會因父母健康狀況或孩子問題感到不安。恐慌障礙或不安障礙病患之間的差異，應該就是對於不安的過度詮釋，這是想法造成的。

不安症狀嚴重的病患若感到不安時，會賦予誇大的意義或自我的詮釋。「出問題的話，該怎麼辦呢？情緒稍微不安、呼吸有點喘，當喘不過氣時，該怎麼辦呢？」這似乎和之前來到急診室的病患一樣，是因喘不過氣來就診的。這些問題的起源就是想法。她也知道自己不會因為喘

不過氣來而死掉，也知道當情緒感到不安時，只要吃半顆鎮定劑，情況就會好轉，所以心情較之前更穩定了。

告訴各位一個戰勝想法的技巧。

「當腦海中浮現那樣的想法時，就請像在對待客人般對待它。『啊，您來了啊！既然來了，就休息一下，再離開。』就這麼說，那些想法就不會繼續停留了！某一天就會自動離開。乾脆這樣對待吧！『好久不見！休息一下再離開，我要去別的地方了。』跟想法打招呼後，就離開。」

我不是想法，想法有可能是我的一部分，也有可能只是偶爾造訪我，短暫停留的過客。對這位客人過度關心時，它會以主人自居，打算長久居留。讓想法像客人一般短暫停留後離開的方式，大致上有兩種。

一種是在寧靜的環境中，一邊慢慢呼吸、一邊進行冥想。冥想的基本事項之一，就是審視腦海裡浮現的想法。靜靜呆坐著，並閉上眼睛時，眼前就像是佈滿白紙的舞台一般，想法就會想「啊，好奇怪，怎麼這麼安靜？」並躲在舞台布簾後，偷偷地將頭探出來。想法是有點愛吵

鬧的，若您繼續處於安靜的狀態時，想法就會走上舞台。若您安靜地看著想法時，這個傢伙就會覺得很尷尬，走離舞台。看著走上舞台上又離開的想法，就是一種冥想的方法。

還有一種方法，就是關掉「關心」這個開關。就如同前述的內容一般，像對待客人般對待想法，跟它裝熟後，就馬上外出。「啊，你來了。記得休息一下再走，我要出門，去別的地方。」想法得不到關心時，就會覺得很無趣，悄然離去。

放著想法這位客人不管而外出的方法，就是當浮現特定想法時，要做其他替代性行動。站起來走路，或輕鬆地哼歌，或做事先想好的替代性活動。放著想法不管而外出，當回來時，那個想法早已覺得無趣，自動離開了。

✦ 該如何集中

　　一談到集中，就會認為是要「集中於一個點上」。會認為集中就是指將視線與精神集中在某個點上，而非大範圍的面積上。但是如果是像我一樣，連短暫的冥想都滿腦子雜念的人，當要集中精神在某一點上時，不要說維持一分鐘，就連數十秒都很困難，不過也許這才是正常的現象。

　　當怒目相視時，很難一直盯著對方的眼睛看。將視線集中在某一個點上，從一開始應該就是不太可能做到的事。當越想集中精神在某一個點上時，想法反而不會集中在那個點上，而是會不自主陷入更多其他想法的泥沼中。

　　在練習讓思緒集中的過程中，一開始關注到集中這個單字，不是集中在點上，而是集中。集中的「中」字是事物的中間，有一個縱貫上下的豎畫從中間畫過，有中心的

意思，是中間意思的中。不是一個點，是一豎線置於正中間，成為中心。

我稱集中在一點上為「集中點」，集中在點上真的很困難。集中在點上時，會消耗掉很多的能量，而且肉體上也很難持續長久地看著某一個點。

那麼「集中在線上」怎麼樣？說集中在線上時，可能有些人會誤以為集中在仙(線與仙的韓文字皆為선，讀音為son)上，但那種境界並非我能了解的領域。

不是集中在一個點上，而是集中在長長的線上，又可區分成「集中在橫線上」與「集中在直線上」。首先，試著將精神集中在像中間的「中」字一般的直線上。

請環顧周遭的環境，請在眼前看到的各種事物中，找出像「中間的中字」一樣的直線，將精神集中在那個直線上。首先，讓我們來試著找找看豎立的直線吧！街道上的樹木也是豎立的，人們也是豎立的，建築物也是豎立的，豎線真多。試著將視線「集中在豎線上」，會比「集中在點上」的感覺更為舒適，比較容易保持集中的精神。

若長久集中在豎線時，會有變得過於敏銳的感覺。接著，再請試著找出橫線。請試著將視線集中在橫線上，將

會感受到與集中在豎線上時的感覺不同。關於橫線，我們可以之後再來嘗試，當你想法變得散漫時，請先試著集中精神在眼前的豎線上。

　　若冥想時將精神集中在一個點時，也會像我一樣浮現出各種複雜想法的人，請一邊集中精神在周圍的豎線上，一邊慢慢呼吸。若張開眼睛做這樣的動作，精神還是很散漫時，也可以閉上眼睛，集中精神在自己想像的豎線上，並調整身體的姿勢，聚精會神。

集中精神在豎線上：
網路衝浪與閱讀的差異

　　上大學的某一天，初次接觸網路時所受到的衝擊，至今仍然無法忘懷。

　　那個年代電腦沒有硬碟，是由現在已消失的軟磁碟來運作的。當我房間裡的電腦發出「嗶~嘰~」的聲音之後，透過電話數據機與世界各地的其他電腦連結，也可以與不曾去過的外國大學網路連結。當時使用的不是像現在一樣的圖形作業系統，而是只以TXT進行運作的DOS運作系統。連結速度十分慢，使用過程中連結還會中斷，只用一條電話線連結的簡陋網絡時代。

　　當時在韓國因網路速度慢，還流傳著「忍」字網路的笑話。不過我待在房間裡，就可以與全世界連結在一起這一事實，仍然令我感受到很大的衝擊。

　　還記得在韓國有KETEL之稱的電腦通信業者——千里

眼、High Telecommunication等名字吧！在這之後，電話線由有線LAN取代的同時，速度變快，電腦操作系統從以TXT為基礎的型態，轉變成像Windows或MACOS一樣的圖形作業系統。在以HTML為基礎的Windows裡，只要點一下滑鼠游標變成手指的地方，就能進入浩瀚無垠的網路資料庫中。Windows圖形運作系統下的網路世界，只要手指頭按一下滑鼠，就可以逛遍世界各地。

在網路中衝浪時，自己會在不自覺中浪費掉很多時間，隨著時間的流逝，並沒有做有深度的資料檢索，而是度過了毫無意義的時光。原本只想確認Email，可是打開電腦後，也會東逛西逛，逛到購物網站。原本是為了查詢論文而上電腦進行檢索的，卻在閱讀娛樂八卦新聞中度過了大部分的時光。

為什麼會這樣呢？為什麼網路讓我們的精神散漫，讓我們度過毫無意義的時光呢？是否是網路的某個中毒性要因讓我們無法自我控制？

也許其中一個原因就是網路具有橫向特性。按下網路時，常常會往旁邊擴散出去，經過一段時間後，經常會遠離自己最初主題以外的其它世界中遊盪。豎線的特性是具

有往旁側擴散的特性，而且是非常多樣化，但有點散漫。

與橫向相反的特性為何呢？就是縱向特性，並不會如同橫向特性一般往旁側散漫地擴散出去，而是可以從垂直豎直的縱向特性中，感受到集中的深度。編輯書籍雖然與資料蒐集的情形類似，然而，以一個主題編寫成的書籍，是具有縱向特性的，與網路往旁側散漫地擴散出現的情形不同，是具有深入某個主題的縱向特性。

所以長期使用網路時，精神會變得散漫，並會接觸到雜亂的五花八門資訊。閱讀書籍是必須集中精神的作業，關上書櫃時，就會深入思索著某個主題。

似乎都是在蒐集資訊，但橫向的網路與縱向的書籍閱讀，是使用了多元與集中等兩個方向的頭腦。

橫向方式是用手指舒適地一按，時間就在不自覺中輕鬆流逝，大多是被動地在資訊沼澤裡度過。縱向方式，則是在一定時間內有意識地、主動地集中精神，才可能進行，所以閱讀書籍也是比較辛苦的。

若想集中精神閱讀書籍時，可以從提出「格呂寧學習

法」的克里斯蒂安・格呂寧（Christian Grüning）著作《超級快速閱讀（Visual Reading ：garantiert schneller lesen und mehr verstehen）》一書中值得學習的內容。他說明了讀書菜鳥與讀書高手之間的差異。

「讀書菜鳥的集中力支點是到處飄移的，不會停留在某處。然而，讀書高手們集中注意力在後腦杓－即頭後半部突起部位時，就會進入到舒適的覺醒狀態。視野變得寬廣，眼睛的轉動也變得來去自如，更輕鬆掌握意義，提高集中力。」

大腦的枕葉（Occipital Lobe）主要負責接收視覺性資訊，所以格呂寧的理論是合邏輯的。

實際上閱讀書籍時，不是集中精神在眼睛或有額葉的額頭上，而是集中精神在進行視覺性的資訊輸入處理的後腦杓上。當你這麼做之後，閱讀書籍時，可以感覺到更輕鬆地維持精神集中。

試著將散漫的橫向方式或狹幅集中的縱向方式，各自套用在網路與書籍上。就集中來說，縱向方式比較好，就多元層面來說，橫向方式較有優點。對我們而言，橫向與

縱向這兩個軸我們都需要，只是現在的網路世界出現橫向軸太多、縱向軸有點不足的現象。我們必須試著將網路從誇張的橫向世界，轉移到不足的縱向世界。

✦ 縱向集中：去旅行吧！

　　在前面的文章裡，舉出網路與書籍為例子，強調縱向集中比多元卻散漫的橫向更重要，所以各位可能會覺得縱向比橫向更為重要。然而，現在試著改變想法看看吧。

　　為何想去海邊？為了吹涼爽的風嗎？還是為了感受此起彼落的白色洶湧浪濤呢？還是其他各種原因。秋天的海洋、冬天的海洋、與季節無關的海洋，是悶悶不樂時最想去的場所。望著廣闊無際的海洋時，發出「哇」一聲的同時，內心也瞬間舒暢起來。將海洋與天區隔開來的水平線，是從這邊的盡頭往那邊的盡頭擴展開來的，看著這樣的景色，心情也變得舒暢、開闊。因工作忙碌而變得狹隘的視線，忽然橫向擴張開來。

　　在旅行過程中，心情變得舒暢的瞬間，大多發生在像這樣的橫向視野擴展時間。無論如何，旅行不就是為了擁

有這類的橫向時間嗎？海景盡收眼底的客房房費，一般比反向的視野遮蔽的客房還貴。人們寧願支付較昂貴的房費，為了想要擁有視野寬廣的房間，那都是為了更寬廣的視野。

談完海洋之後，試著將視線轉移到山。登山是縱向經驗，自己的腳默默地看著腳前，攀爬狹小的小路。在攀登到山頂時，視野瞬間豁然開朗。雖汗流浹背，當站在視野開闊的山頂上時，鬱悶的心胸瞬間舒暢起來。很長的一段時間，靜靜無語地用全身感受山下一望無際的壯觀景色。完成了登山與下山的縱向時間後，暫時在山頂上享受橫向時間。

不論是通往海洋或山頂的路途都是辛苦之路。為了尋找海洋，須行經塞車的道路，為了登上山頂，常常爬到喘不過氣來。為什麼要經歷千辛萬苦，到達海洋或山頂呢？就是為了感受橫向時間。

我們的日常生活，大多是追求狹幅集中的縱向性的。縱向是有深度、有高低的，而組織結構也是由縱向構成的。學習也要求深度集中，也可以說是縱向方式。生活在

如此的縱向生活中，在旅行中可以將視野擴充為橫向，內
心也會變得舒暢。

　　儘管現在已很難看到水平線和地平線，但就在眼前尋
找橫向延伸的橫線，並集中於那條線上，安靜地隨著視線
移動。

✦ 截止期限？起跑線？

　　當要做的事情很多時，胸口會有莫名的壓迫感。雖然已有好幾天沒碰觸到工作了，仍然有引起壓力的專題要完成。每當某種新專題的出現，意味著過去平靜心情的平衡狀態遭到破壞了。這種被破壞的狀態在該專題解決之前，在做其他事情的同時，仍然會殘留在腦部，不斷殘酷地督促大腦。

　　蔡格尼克效應（Zeigarnik effect）可以清楚地說明此現象。當時為蘇聯心理學系學生的蔡格尼克（Bluma Zeigarnik）與她的老師庫爾特‧勒溫（Kurt Zadek Lewin），於1927年發表了此理論，內容如下：

　　「未完成的，或是被打斷的工作不容易忘記，會在心裡不斷浮現。」

　　心裡就會一直記得，並出現各種折磨我們的現情況，有沒有方法能戰勝這些情況呢？

在佛羅里達州立大學羅伊‧鮑邁斯特（Roy F. Baumeister）的研究成果中，可以找到這些狀況的解答線索。

一個小組只要求做某個專題，另外一個小組則不只要求做專題，還要求撰寫出以何種方法解決專題的計劃書。

這兩個小組都承受來自於專題的壓迫感，提交具體進度計劃書的小組，比只被要求做專題的小組更能擺脫壓力。

當產生某種專題時，我們的無意識會不斷地被有意識的「擬定計劃」牽著鼻子走。

這種無意識的要求，讓我們擁有適度的緊張感，既有可能成為解決專題的能量源，也有可能在大腦的深度思惟迴路裡引發極大的壓力。哄騙無意識之要求的方法十分簡單，就是擬訂計劃。從擬訂計劃的瞬間開始，無意識就不會針對這個問題催逼各位了！

洪勝權（홍승권）教授在臉書上發表過這樣的內容，將浮現各種複雜想法時的集中方法，稱為「規劃行程、保留想法」的有趣表現。每當我浮現任何阻礙事情的其他想法時，就會幫這些事情規劃進度。

　　我在閱讀書籍過程中，每當浮現雜念時，就會寫在紙上，從腦部將這些想法轉移到紙上，清空腦袋，此刻就可以集中精神在清出來的閒置空間上。

　　組織裡出現問題時，能用相同的方式來面對。面對無法解決的問題時，我經常會對同部屬的同仁說這樣話。

　　「直到下個星期二前，都不要再想那個問題了，這個週末先將那個問題在腦海裡徹底清除，時間到了再來想！」

　　進行某件事情的時候突然浮現的其他想法，或今天在做某些專題時，突然有電話鈴響或Email傳送過來，這些雜事都會讓我們的頭腦打結。

　　所以說列出工作清單（to do list）。將工作清單記在智慧型手機或紙上皆可，依照狀況選擇適合的方式。問題是記錄工作清單的方式，不是現在馬上做的事情，只要依照緊急狀況寫下項目即可。當這類工作清單不斷累積時，那本身就是壓力。

　　幾分鐘內無法解決的事，需要花幾個小時才能完成的工作，須貼上時間標籤。（幾分鐘之內要解決的事，就只

記下項目，等到出現零碎時間時再一一完成後刪掉，這個方法很適合運用在減輕壓力的用途上。當工作清單上的項目不斷被刪掉時，就會感到放鬆不少。問題在於須花比較多時間的沉重專題。）若不貼上時間標籤，工作內容就會在腦海裡不停的打轉，無時無刻地造成我們大腦的負擔。

　　若貼上截止時間標籤時，會覺得是事情完成的截止期限，更重要的是，是事情開始的起跑線。

　　然而，自己設定截止期限的意義是有必要的。不要將起跑線視為是在表明從那時開始，而是表示要做那件事情的意願，從那時開始別忘記那件事情的意願，那麼會出現什麼樣的狀況呢？

　　會有「到那時為止，那件事情不會在腦海裡」的決心，從那時起就會從那件事情中解放出來。

　　「截止期限是為了讓自己集中精神在那件事情上，一直到那日來臨為止，起跑線是為了忘記那件事情，一直到那日來臨為止。」

　　這樣做總整理，你覺得如何？現在請將腦袋清空。寫下起跑線，直到那日為止，請將那個想法忘記吧！

　　成為那個起跑線，不想做那件事的時候，會怎麼樣呢？那時再毫無疑慮地再次寫下起跑線。起跑線日期雖然已過期，與其看著期限已過期的工作清單承受壓力，不如主動地重新設定起跑線，會比較好。

　　拖延的人生，看起來似乎是在偷懶，更重要的是，**不要花時間在還未開始的事情上，而是要集中精神在現在。**

第四章

右腦的故事：
夢想大藍圖

平靜與共鳴

. . . . . .

需纖細的筆觸，
也需大藍圖。
左右腦不同世界
頂在頭部。
這兩個世界非區隔開來的，
是彼此互連的。
讓眼睛離開螢幕的小字體，
望著天空。
看見何物，
依舊不見任何物。
所謂天空僅僅是一個空蕩蕩的空間，
卻望著那空蕩空間。
為了在平靜的世界裡得到共鳴，
須空出來。

✦ 請試著往右走，那麼將變得平靜

曾經想像過自己罹患中風的狀況嗎？

一隻手麻痺，連湯匙也握不住，一隻腳麻痺，很難用自己的力量走路。腦中風是一種令自己或家人，都感到沉重的疾病。

腦科學家們在觀察大腦損傷的病患過程中，研究大腦的世界。透過病患的經驗，間接掌握其在精神或身體層面，對人體造成的影響。

有某位大腦科學家，將個人親身罹患腦中風的狀況，傳遞給社會大眾瞭解，那位就是哈佛大學的吉兒・泰勒（Jill Bolte Taylo）。

某天早上她頭部突然感到劇痛，右腳變得無力，重心很不穩，這是左腦出現異常所引起的症狀。想打電話到上班的地方，電話號碼卻怎麼也想不起來。最後找到名片，試圖打電話，也無法如往常般撥打電話。

　　因為左腦會辨識文字與數字，但左腦受損的她無法將電話號碼辨識為數字，而是視為圖案，於是她將名片上的數字與電話機上的數字做比對後，最後才成功地撥打電話。

　　但卻無法理解從電話裡傳來的同事所說的話語。同事的聲音或自己說的話，聽起來就像是小狗的叫聲「汪汪」。左腦主要是負責語言功能的，所以她是用受損的左腦與他人進行語言交流的。

　　大腦並非是一顆完整的球，左右腦幾乎完全區隔開來。所謂胼胝體（corpus callosum）是指連結左右腦的部位，除了此部位外，我們是以兩顆腦生活的。腦的右半球與左半球各自關心的領域不同，工作處理方式也正好相反。右腦具有統整的特質，反之，左腦是採階段式的處理方式。所以把右腦稱為平行處理器，把左腦稱為序列處理器。

　　若沒有胼胝體，我們的左腦與右腦會因為各自追求的方向不同，導致做這個也不行，做那個也不行。這兩顆腦半球之間有著一個橋樑，即胼胝體，擁有3億個軸突纖維（axonal fiber），幫助兩顆腦互相交換資訊，達成適度的

妥協，並使其成為一體得以共存。妥協這個詞彙，雖帶有負面的感覺，但我們終其一生，生活在左右兩腦交會的十字路口上，若只顧及一個面，難以生存。

我們正在談罹患腦中風的吉兒・泰勒博士的故事。幸運的是掌握左側語言中心的腦血塊去除後，經過8年的物理治療，她終於恢復健康了。在《奇蹟（My Stroke of Insight： A Brain Scientist's Personal Journey）》和TED演講中，介紹了自己當時親身經歷的有趣經驗。

那天早上，她的左腦失去了正常功能，所感受到的世界變得和以前不一樣了。以右腦的功能為主，世界與我的界線消失，所有一切似乎都連結成一體。在左腦運作消失時，她的右腦似乎感受到平靜。

右腦看到「這裡與現在（here and now）」的世界。某個宗教提出了「這裡與現在」的方法，以作為解決人類世界各種問題的手段。在那裡是可以感受到平靜感的。

反之，左腦想看的是已經流逝的過去與來臨的未來。我們因為過於沉浸在過去中而變得憂鬱，對未來過於執著而陷於不安。不過左腦也是擁有獨自的功能，可以讓

我們用過去學習到的內容來準備未來。

若說右腦是處於寂靜狀態，那麼左腦就是在腦海裡，一天內發出無數次聲響的腦部話匣子。那些不僅使我們向前闊步邁進，當被這些聲音給掩埋時，也會陷入憂鬱或不安中。

右腦和左腦是各自處於不同觀點的兩個世界，透過這個胼胝體的橋樑，進行溝通與生活。

問題是現代社會過於強調左腦，並以其為優先。想在區分自己與他人之別的同時，明確確認自己存在的左腦。把一天的時間皆用在分析過去、規劃未來，說不定左腦可能無法休息，逐漸變大。是否曾經想過我們一天當中，右腦運作的時間有多少？就這樣感受現在的時間有多少？曾經感受過自己與周圍的世界，毫無界線之分的一致感的經驗嗎？

現在就如同左腦只佔據大腦一半一般，給予自己生活的時間也是一半，只使用一半的左腦，那就讓我們進入不常用的另外一半─右腦世界看看，怎麼樣？計劃、整理、修改這本書，也都是由語言中樞的左腦負責的。我也將須停筆，試著進入右腦的世界。祝您度過平靜的一天！

5,700億倍

「我問你一個問題，如果答對，今天你想要什麼，我就為你做什麼。」早上看報紙時，丟了個問題給太太。太太似乎感興趣般地問：「什麼問題？」

「發現了比太陽更明亮的星星了，是目前為止所發現的星星當中最明亮的一顆。這顆星星比太陽亮幾倍呢？」太太的答案是從10倍開始猜起的，太太後來雖然回答了高了好幾倍的答案，結果都沒答對。

正確的答案是5,700億倍，發現了擁有那種亮光的超新星。我們看得見的最明亮物體，即是太陽。太陽是我們無法用眼睛長時間凝望著，若離得太近時會感到十分燙的物體。核彈爆炸時，應該看過蕈狀雲籠罩在廣島上空的照片吧！太陽就是無數次的那種核爆炸時產生的熱量與光之能量團。亮度不是這種太陽的5,700倍，而是5,700億倍，那種亮光是我們無法想像的。

　　宇宙的大小，是在我的小腦袋瓜裡無法畫出來的空間。由此可以推知，宇宙中存在著與我們生活的三維空間不同的空間或宇宙，我們每天就是透過天空這片大窗戶，望著那個宇宙生活，雖無法看到宇宙的盡頭，只要仰望天空，也是在審視宇宙的一部分。

　　你也有一直無法撥雲見日的事情，使你感到悶悶不樂嗎？那麼請試著仰望著天空。

　　宇宙裡有無數個銀河系，據推測，在可觀測到的宇宙裡，擁有1,700億個以上的銀河系，其中一個銀河系，就是我們的銀河系。我們的銀河系裡擁有1,000億顆恆星，太陽系就是其中一顆，位於某個角落裡，在太陽系裡有個地球。

　　今天一整天我們的肩膀須背負的問題有多大呢？當感受負荷量的體積比周遭的人還大時，會覺得無力和沮喪，不要將這個負荷量，與我們肩膀同高度的人、事、物做比較，要與比我們更大一點的存在體做比較，如何？

　　即使沒有刻意地與比太陽更明亮5,700億倍的超新星做比較，慢慢地呼吸並仰望著天空，說不定那又大又沉重的

問題會變小。即使問題的大小沒改變，但也會產生帶著微笑面對問題的悠閒心情。**不管是什麼問題，浩瀚無垠的宇宙，都會告訴各位這些問題都很渺小。**

　　請試著想想看宇宙！請抬頭仰望著天空吧！

✦ 和平與微笑

　　我到了這把年紀了，每當遇到不知道正確意思的詞彙，想理解正確意思時，就會去找出該詞彙的反義詞，就能更清楚明瞭該詞彙的意義。

　　最近想知道和平這一詞彙的意義，和平是大家都聽過無數次的詞彙。這是在天主教堂裡，望彌撒時打招呼話語——「願您和平！」最近社會上也經常使用和平一詞。

　　然而，和平的意義究竟為何呢？很難一言以蔽之。若能徹底瞭解和平的反義詞，就能徹底瞭解和平的意義，於是就開始查詢和平的反義詞。自認為能很輕鬆查詢到和平的反義詞，卻出乎意料之外，關於和平的反義詞有多種說法。各位覺得和平的反義詞為何呢？戰爭？吵架？矛盾？混亂？吵鬧？

　　人們首先想起的和平的反義詞是戰爭，因為托爾斯泰《戰爭與和平》一書的關係。

　　侷限在反義詞時，似乎看起來很狹隘。當然和平是指處於無戰爭的狀態，和平也更有平靜、和睦的狀態等更廣義的涵意。

　　在和平的和字中有值得關注的解釋。和是由稻穗意義的禾字，與嘴巴意義的口字結合成的，和平也是可以解釋為米均勻地進入每個人嘴裡的狀態。就這個角度來看，和平的反義詞也可能是矛盾或鬥爭。如果不想吵架，就須讓食物的量很公平地進入每個人的口中，所以就政治、經濟意義的角度來看，和平是具有這樣的含義。然而，這似乎是狹義的解說。

　　想到和平，也會聯想到遠離塵囂的寧靜狀態。然而，和平很難只用寧靜說明，當然心情的和平是指不吵鬧、處於寧靜的狀態。無論怎麼查詢，還是不瞭解和平的正確意義為何？和平的反義詞為何？查詢了這麼多資料後，還是不知道和平的意義，但只領悟到一點，就是「啊，我無法徹底瞭解和平的意義！」

　　想起了釋一行禪師的《和平在心，微笑在臉》這本著作。邊呼吸，邊讓和平安坐在心中；邊呼吸，邊讓臉上散發出微笑。和平應該就是在臉上帶著微笑的狀態，停止腦

海裡尋找和平反義詞的舉動，並一起慢慢呼吸，散發出和
平的微笑吧！

「H」字的人生

聽說過「H」字的人生嗎？

人的生活方式中有「K/G」字（韓文子音「ㄱ」，位詞首讀音為「K」，位於詞首以外位置讀音為「G」），也有「H」（韓文子音「ㅎ」，讀音為「H」）的人生。沒聽說過嗎？應該是沒聽過，這不是出自他人的理論，而是我自己編造出來的。

世界上無數的單字中由「H」字開始，有哪些？首先想起「哈哈（haha，讀音為하하）、呵呵（hoho，讀音為호호）、嘻嘻（hihi，讀音為히히）」等嘻笑聲。在文字或留言中最常寫的「哈哈（haha，讀音為하하）」就是由「H」（하）字組成的。會想起哪些單字？會想起「幸福（행복，讀音為haengbok）、幸運(행운，讀音為haengun)、呼吸(호흡，讀音為hoheup)」等的韓語單字。

「H」字是韓國訓民正音的最後一個子音，第一個子音是「K/G」字。因為是K字，所以會聯想到家人（가족，讀音為gajok）、健康（건강，讀音為gongang）、經濟（경제，讀音為gyongje）（說明：因為這些韓文單字的第一個音節子音皆為韓文子音ㄱ）。無論如何，這三個單字在韓國社會中的重要性是名列前茅的。擔心（걱정，讀音為gokjjong）、掛心（근심，韓文發音為geunsim）、激情（격정，讀音為gyokjjong）、憤怒（격분，韓文發音為gyokppun），也是「K/G」字會聯想到的單字。

試著將韓文子音「ㄱ」、「ㅎ」的形狀做比較。「ㄱ」是由兩個直線呈直角連結的，也就是有角的文字。「ㅎ」是由上方兩條橫線、下方一個圓圈所構成的。由此可見「ㄱ」和「ㅎ」的差異性在於一個有角，一個有圓圈。

可以試著發發看「ㄱ」、「ㅎ」的發音嗎？「ㄱ」的音是吸進嘴裡，並在某個地方停頓下來再發出聲音來。反之，「ㅎ」的音是微微張開嘴唇，慢慢將聲音吐出，並往外擴散出去，再發出聲音來。

若語言學家看到這些內容，會認為內容過於牽強時，

我也無言以對。對於語言學與音韻學一竅不通的我，只是純粹說出個人的感受。

雖然我不太瞭解冥想，但在我嘗試做過的許多冥想中，讓我平靜下來並擁有喜悅心情的是「微笑冥想」。我不懂此種冥想的深奧內涵，只知道邊呼吸，邊散發出微笑，所以自己隨意地給它起了這個名稱。邊深吸一口氣，呼一口氣，並露出微笑來。一邊發出「嘿～～」的聲音，一邊微微的微笑，內心真的就會像純真的傻瓜一樣變得平靜，臉蛋上就會不自覺得一直掛著微笑。

在李外秀的《從心到心》一書中有談到關於傻瓜微笑的內容。

「我們看到傻瓜後應該領悟到，傻瓜總是面帶微笑的事實。大學教授比較常笑，還是傻子比較常笑？傻子笑的次數比大學教授多好幾倍。多動腦子，很難幸福。在我眼裡，傻瓜就像是賢能的人，真的可以從他們身上學到很多內容。」

傻瓜為什麼看起來幸福呢？是不是因為一直都在「嘿嘿」呢？發出「嘿～～」的期間，只能往外給予。一無所

知、一無所有的人，能給他人的就只有面帶微笑，發著「嘿~」的呼氣聲。自稱傻瓜的韓國金壽煥樞機主教，也經常發出「嘿~」般的傻瓜微笑。

反之，比傻瓜聰明好幾倍、知識豐富的教授，卻忙著想多研究些什麼，在頭腦裡多裝些知識。只有這樣才能推動卓越的研究計劃，才能教育學生。教授做的是向他人傳遞知識的事情，是很有意義的。若只將知識裝入大腦中，並將其轉換成自己的，就猶如只做吸氣的動作，不做吐氣動作，那麼那位教授就是過著「K/G」字的人生。就像「K/G」字為開頭的韓文單字「教授（교수，讀音為gyosu）」一般，不能露出吐氣般的微笑，只能讓頭部獨自隱隱作痛。

「K/G」字的人生與「H」字的人生。無論如何，就像訓民正音的第一個字母和最後一個字母一樣，感受不同。兩個字都是我們所需要的吧！

試著反省一下我們的生活是否過於偏向於「K/G」字，偶爾也嘗試做發出「嘿~~」傻瓜般微笑的冥想，過著「H」字的人生吧！

今天也多發出「H」字，幸福地度過一天吧！

「休息」所蘊含的三種意義

　　「休息」的意義為何呢？哪有人不懂這麼簡單的辭彙，應該沒有吧！即便如此，我還是查詢了一下辭典上的意義，結果查到多種意義，其中三個意義引起我的關注。

　　第一個意思，是休息的意思，也就是「歇息」。若提到「歇息」時，首先想起的解釋，就是休息。「休息」是指「停下手邊的工作，歇一會」的意思。想要休息，就必須停下來。休息的休字源自於停止手邊的工作，靠在樹蔭下休息的樣子。

　　第二個意思，是喘息的意思。若想要徹底呼吸，就必須喘息。徹底呼吸是什麼意思？

　　一天當中雖然會在毫無意識下自然呼吸，但在氣喘吁吁地忙碌工作中，暫停工作幾分鐘，慢慢地呼吸，也就是休息的基本含意。

好像在玩同音異義的文字遊戲。是的！似乎是在玩文字遊戲，古人似乎也認為休字和息字，這兩個字的源流是一樣的。休息的息字雖然有人解釋為自（自己）的心，與自己的心聊天的意思，然而，息的本意是進進出出鼻（自）與心，即呼吸的意思。休息是由人們依靠樹木的休字與喘息的息字所組成的。若想要好好休息，就必須徹底呼吸。

第三個意思，食物變質的意思（韓文『쉬다（休息）』的第三種意義）。休息過久時，身心就會變腐朽了。不是邊休息、邊充電的意思，而是身心休息過久，整個人就會腐朽掉了。不管是休息、工作或權力，若過於誇大時，就會變得腐朽。生活的過程中短暫停下腳步，是為了不變得腐朽，能生龍活虎般地生活。

在探索語言起源的過程時，發現了「休息」的其他意思，而且彼此之間也有某種連結關係，也許是因為長久以來都讀同音的關係。總之，從這三個層面來思索「休息（쉬다）」的意義時，就是在教導我們休息首先要做的動作就是停止，如果想好好休息，就要停下手邊事務，好好的呼吸，但如果休息得過久，反而就會變得腐朽。

　　期望各位今天也好好地休息，好好地呼吸，度過一個
不會腐朽的一天。

✦ 愛管閒事的大腦

「這是什麼？」我們的大腦總是好奇心很重，不斷地想觀察並了解某些東西。

比起站著，更想坐著，比起坐著，更想躺著，和我們的身體不同，大腦一刻也不肯休息。

大腦的忙碌，是為了在各領域的科學性發展做出貢獻。當某人的大腦對極微小的領域感到好奇時，就會開始瞭解並學習相關內容。偶爾會發現新的東西，不過這種新知識很難立即改變我們的生活。然而，在地球的某處，又有另一顆大腦關心不同的事物，用好奇的眼神進行觀察，於是發現了新東西。某些人的大腦會像拼拼圖一般，將這些瞭解到的各種知識碎片連結起來，創造出改變我們生活的創新性物品。大腦的好奇心真的很重！

反之，不停運轉的大腦常常會超出負荷地運轉。當大

腦忙碌到無法控制時，就會成為壓力的頭號犯人，引起身體、精神上的問題。

若大腦裡裝滿了對過去負面的想法，就會陷入憂鬱之中，大腦若過於思索難以預測的未來時，就會產生不安感。伴隨而來的是，我們的身體會出現失眠、頭疼、疲倦等症狀。

酷愛思考，不想休息的大腦，必須靠我們偶爾幫忙碌的大腦關機。但不是完全關機，如果完全關機，就會變成腦死，至少要調到節電模式。有可以讓大腦休息的各種方法，例如：漫步在寂靜的森林裡，或坐在位置上閉上眼睛，邊緩慢呼吸邊冥想。這些方法都可以為忙碌的大腦畫上休止符。

冥想的方法之一，就是默默地觀察著不斷浮現在腦海中的想法。如此一來，大腦的每個角落都會冒出一些想法碎片，感受到凝視著自己的是另外一個我，有時扭扭捏捏的，但有時又會變得很平靜。

脖子下以下的身體與脖子以上的大腦，是截然不同的。想要再休息一會兒的身體，與不斷創造思考的大腦，

他們兩個必須做良好的協調。

　　就猶如組織的領導者不斷訓斥組織成員，可是組員仍不迅速行動的情形一樣，頭腦和身體需要達到智慧性的平衡。尤其是在休息的週末，要偶爾審視一下。

　　就像對社區裡所有的問題，都愛插一腳的好管閒事歐巴桑一般，大腦經常製造出各種雜念，並把腦袋塞好塞滿，請記得進入大腦內部審視一下。接著，請將大腦轉換成節電模式吧！

寧靜的大腦

　　當我們不做特定活動、靜止不動的時候，大腦會處於什麼樣的狀態呢？會處於預設模式網絡（default mode network，DMN）狀態，這是我們意想不到的新概念。即使我們不做任何活動、靜止不動的時候，大腦也有一個不休息的活力充沛區塊。

　　前腦的額葉（額葉的前半部）是腦的思考區。我們的想法不會靜止不動，而是無時無刻地出現，在解析並判斷後腦所輸入的各種訊息，再下達指令，這是前腦主要負責的工作。

　　佛教常勸人「放下那個想法吧！請將心空出來」。拋棄想法的狀態，即像電腦初始（default）狀態一樣，大腦不運轉「想法」這一程序，處於安靜地停留狀態時，預設模式網絡就會啟動。

　　靜下心來，呆呆地休息或冥想，就可以打造出安靜的大腦。

　　無論是「我是誰」的自我省察、「我真正想要什麼」的自我認識、情緒控制，並在無意識中尋找解決方法的功能，以及內心深處發生的內在活動等，都是由生龍活虎的預設模式網絡所負責，其相關領域亦隨著腦科學的發展逐一被揭曉。

　　旅行時被美景給迷惑；放空時聆聽美妙的音樂；專心運動等狀態，都猶如到達冥想境界一般。冥想的時候，稱為從現在這瞬間醒過來。為了不讓腦部進行解釋，並沉浸在過去的情感、擔憂未來等超負荷運轉，就是好好地活在當下。只有隔絕各種嘈雜噪音的大腦，才可以處於靜謐的狀態。

　　最頂尖的選手或藝術家，當進入無我之境狀態時，就可以直接感受並接受，從腦部後側所輸入的訊息。逐一思考的腦部前額葉在經過解析後下達指示，當敏感到某個不知名的東西不自然時，就變得緊張，產生負面的效果。

　　舉例來說，打高爾夫球時，應該是毫不假思索地自然地揮桿，然而，業餘選手在球面前時，會想著上桿（BACKSWING）時手應該擺放在哪裡，球桿的角度應該如何擺放等等，想法會變多。想法越多，身體的自然活動就會越少，越多刻意的舉動。職業選手當踏入到START BOX時，會毫無雜念地運動，這些也都與腦部狀態息息相關。

　　不太知道如何放輕鬆的現代人，就如同在緊湊的旅行行程中，也會做著工作一般，一邊欣賞美景，一邊擔心歸途的交通狀況；一邊運動，一邊用耳機聽些什麼；在健身房跑步機上也會邊看電視、邊跑步。這樣做都無法讓大腦處於休息狀態。

　　現代人因前額葉（前額葉的前半部）的超負荷運轉，而出現了非依照正確指示症狀，如：厭煩、肌肉僵硬、壓力荷爾蒙皮質醇（cortisol）分泌過多、心理陷入憂鬱等症狀。之所以對於生活感到疲憊，不是因為身體疲憊，是因為前額葉疲憊的關係。

　　為了直接感受並品味從後腦所接收到的訊息，讓它不

能與前腦連結而處於隔絕狀態，就必須讓進行思考、判斷、計劃的思緒腦——前腦休息，放下想法的狀態，就是讓我們的大腦處於寧靜的原本初始（default）狀態。

　　現在我也要讓大腦進入安靜的狀態了，祝您有一段舒適的時光！

《不朽的名曲》與臉書的按鍵

　　燈熄了，按鈕被按下，隨著咚咚加速的音樂聲，一側的燈熄了。站在熄燈一側的人，走向站在燈亮著一側的人那裡獻上祝賀之意，再走下舞臺。這是在韓國歌曲競賽節目《不朽的名曲》中出現的場面。

　　我總是對於失敗者平靜地接受自己失敗的樣子，感到十分奇怪，似乎不覺得自己的舞台是失敗的。其實除了一個人以外，其他人都堅持了幾次，等燈熄了之後，再走下來。這樣走下來後，反而和等待的同事們嘻嘻哈哈地開玩笑。為什麼失敗者聚在一起，能製造出如此愉快的氛圍呢？

　　《不朽的名曲》中評委團並不會為參賽者排名，歌手只要專心為舞臺表演做準備，觀眾只要被歌曲感動時，就按下按鈕。無論多麼奇怪的歌曲，都至少會有一位以上的

感動者；無論再怎麼完美的歌曲，也感動不了所有人。
《不朽的名曲》評審團的觀眾不打分數，只藉由按下各自
的按鈕表達自己的感動。這裡沒有歌手和冷靜的評審者，
只有被歌手和歌曲感動的觀眾。

　　看著《不朽的名曲》節目時，我聯想到了臉書。臉書
為何會如此迅速發展呢？為什麼在臉書上，陌生人之間也
能迅速地成為親密朋友呢？一邊想著理由為何，一邊朝著
「讚」的按鍵望。如果臉書上有「倒讚」或「評分」按
鍵，氛圍會和現在一樣嗎？臉書上只會剩下「評分者」，
而不是「朋友」。

　　真不敢想像，臉書就在如此和睦的氛圍下迅速發展，
因為臉書上只有「讚」按鍵，沒有「倒讚」按鍵。人的生
活並非一定要與討厭的人相遇，表達討厭的感受，在臉書
上能完全體驗到。
　　總之，幸好臉書上只有「讚」的按鍵，今天我也按下
了許多的「讚」。

✦ 共鳴與無共鳴

「誰在為兄弟姐妹們的死而悲痛呢？誰在為搭乘這艘船的人而哭泣呢？

為了這些抱著年幼孩子的年輕媽媽們、或家人去找工作的男人有哪些？我們忘記了如何哭泣，忘記了如何憐憫，忘記了如何與鄰居共『苦』等。漠不關心的全球化，奪走了我們流淚的能力。」

這段話是方濟各（拉丁語：Franciscus）教皇登基後，在第一次國外造訪地——蘭佩杜薩島（義大利語：Isola di Lampedusa）彌撒講道中，所留下來的話語。這座島位於義大利最南端，離北非很近，曾有成千上萬的非洲難民，靠著一艘遊艇，冒著生命危險橫越海洋偷渡過來。過去25年當中，有高達2萬5千名搭乘偷渡船的難民，死於我們漠不關心的此地。

世界該如何麼劃分呢？能二分為進步和保守嗎？世界

不是應該二分為共鳴者與無共鳴者嗎？

　　世上發生事故或戰爭等困難時，有些人會覺得那是自己的事情，有些人會以自己的利害關係為依據，遠離這些事情，並打算與其畫清界線。這不是進步和保守的視角，而是共鳴和無共鳴的差異。

　　將這些痛苦視為自己的痛苦時，就會希望這些痛苦不要繼續下去，且期待社會能改變。因此，他們也參與了改造現有體制的行動。因此，對陷入困難的人產生共鳴，對社會問題採取進步性的立場。

　　然而，自稱為進步主義者並無法與他人的痛苦產生共鳴，而是在系統性框架內思考，認為理念比人更重要的人格冷漠者。反之，自稱保守主義者之中，也有用母親的心擁抱困難者的人格溫暖者。

　　就社會學和政治學而言，世界雖二分為進步與保守，對我而言，世界二分為共鳴和無共鳴。無共鳴是指將我與他人區隔開來，共鳴是指我想與他人成為一體。共鳴就是將視線轉向周圍，與他們一起流下暫時遺忘的眼淚。

✦ 不認同無妨，只要有共鳴

　　不「認同」也無妨，哪怕只有產生一點「共鳴」。

　　每個理解世界的大腦都是不一樣的。生活中經歷的不同，所聽到和所讀到的也不同，每個大腦都各自有不同的世界。地球上、歷史上數以萬計的大腦們，皆會用不同的眼光來看待並解析世界。

　　所以完全理解並認同他人的想法並非一件易事，恐怕是不可能的事。為了認同，就必須努力去解析並理解他人之大腦。

　　共鳴又是另外一個層面的問題。對他人的痛苦感同身受是很自然的反應，若您擁有一顆熱血沸騰的活心臟，就能自然流露出共鳴的眼淚、共鳴的微笑。

　　就大腦科學的角度而言，「認同」是歸大腦上側的大腦皮層所管轄，「共鳴」則是歸大腦下側的大腦邊緣系統所管轄。就人文科學角度而言，「認同」是在大腦裡發生

的事情，「共鳴」是在內心裡發生的事情。

比起複雜、多功能的大腦，內心則表現出更單純、更自然的反應。雖然大腦的皺紋猶如其外貌般複雜，但心臟的外觀則相對單純。因此，雖然大腦在腦海中產生的想法都不同，內心深處的熱情似乎是差不多的。

在小小的臉書世界裡，也經常出現紛亂現象，尤其在選舉或政治事件發生時，會變得更加劇烈。有很多人在臉書上留下各式各樣的意見，偶爾也會引爆留言論戰。臉書上的同意（agree）概念不是「同意」的意思，而是喜歡（like）概念的「讚」按鍵。這不是把世界二分成贊成與反對的兩個強迫性按鍵，而是當自己產生共鳴時，想與其成為一體的自發性按鍵。就算頭腦不能完全同意，當內心產生共鳴時，我們就會按下「讚」。

引領我們社會的領導者，即使和我的想法有些不同，也希望他們擁有能對社會產生共鳴的同理心。我想擁有一個能夠在某些事情上，產生共鳴的領導者。

不是要求所有人意見皆整齊劃一的恐怖社會，而是存在有各種意見的人，一起產生共鳴的溫暖社會。

若無愛心，我什麼都不是

　　就讀醫學院的時候，我發覺每個年輕醫師從某一天起，臉上表情就漸漸消失了。學生時代活力充沛的學長姐們，在工作量大的教學醫院裡生活了幾年後，臉上的生氣就會逐漸消失。偶爾在殘酷的教學醫院裡，看到活力充沛、遊刃有餘的醫師們時，我都會由衷地敬佩他們。

　　那時我就下定決心「不要面無表情！」這個我有信心，我很有信心地認為不會以公式化、無表情的面孔面對病患。

　　時光在不知不覺中流逝，隨著我漸漸習慣於治療病患、教導住院醫師與醫學院學生們等工作時，發現到自己的表情也逐漸消失了。雖然邊看著鏡子，邊練習表情，仍然面無表情，偶爾還會對病患生氣。

　　病患們因疼痛而眉頭深鎖，或因病況而憂心忡忡，或

因生活中的其他種種壓力，而面帶沉重的表情來看醫生。
（偶爾也會遇到表情開朗的病患。）

　　對於大部分失去笑容的病患而言，醫生要做的不就是
要幫助他們找回笑容嗎？

　　「要成為幫人找回笑容的人，沒錯，那就是扮演喜劇
演員的角色，將歡笑傳遞給失去笑容的患者。」

　　這是幾年前在謝師宴中，我對完成專業訓練的醫學院
學生們所說的話。「做個像喜劇演員一般，帶給病患歡笑
的醫生吧！」這也許是對漸無表情的我自己所說的話，原
本老師不會要求學生做自己做不到的事情。

　　去年的某個周末我在望彌撒中打了瞌睡，但隨著〈如
果沒有愛〉那首常唱的聖歌的歌聲響起，眼睛馬上睜開
了。那天歌詞如同對著我的後腦杓，哐地一聲重擊了下
去。是的，我要思考的事情又要多加一個了！

　　我想做一個像喜劇演員一般，幫病患找回笑容的醫
師，我的內心「若無愛心」，對病患而言，我就跟一個賣
笑的人沒什麼兩樣。對！「若無愛心」，我做的事情再怎
麼好，就只能成為毫無意義的作秀吧！

　　不僅是看診，無論做什麼事，能為周圍的人帶來歡

笑，無論那是件什麼樣的事情，都是一件了不起的事情。
若不想成為虛偽的賣笑人，在那個基礎上應該要有顆愛
心。

　　對於很難做出活力四射表情的我而言，這真是個很難
的課題，即便如此，「若無愛心，那麼我什麼都不是。」

微笑是付出，並非擁有

「頭微轉向這邊，眼鏡稍微調低一點，不對，你的頭得再低一點。」

「對！對！很自然，請面帶微笑！」

這是攝影師對被攝影者所提出的各種要求，被攝影者雖然費盡心思地想符合他的要求，可是表情卻依然不自然。大家只要站在照相館的鏡頭前，表情為何就會變得如此僵硬了呢？

最近是任何一個人都可以用手機隨時隨地拍照的時代，這樣的情形會好轉嗎？儘管如此，拍照時仍不易露出自然的微笑。

為什麼拍照的時候會變得如此不自然呢？ 不久前我試著轉換角度思考，並非什麼了不起的努力，只是將觀點轉換一下。究竟我們是為了誰而微笑呢？「微笑是付出，並非擁有。」

　　為了在別人面前顯得更漂亮，所以想把微笑畫在自己的臉上。這樣一來，微笑就像是在戴在自己臉上的面具一般，變得更加不自然。

　　因為想把微笑增添在自己的打扮上，想在自己臉上製造出微笑，所以微笑難免會有些不自然。

　　一到選舉季節，政治家們就會製作面帶微笑的選舉海報。平時遇到受苦的人時，連一個溫暖的眼神也不給，當要選舉時就會露出陌生的微笑，應該很不自然吧。

　　殭屍沒有的東西，就是微笑。所以微笑就是活著的證據，本身就是生命的象徵。不要一直做殭屍般的表情，不要只在鏡頭前以微笑來妝點臉蛋，在活著的時候，就須經常面帶微笑生活。

　　當我覺得一無所有的時候，當我的口袋裡什麼都不剩的時候，無法給別人任何東西時，但仍然可以傳遞微笑。

　　雖然現在拍照時還是很不自然，但面對微笑的問題，變得稍微輕鬆多了。微笑不是自己想要的，而是給別人的。所以不要讓不自然留在自己身上，而是練習將微笑傳遞給他人。

✦ 愛情是沒有理由的

　　她與他談了些什麼呢？但是我知道，兩個人連一句話也沒說。他是韓國人，她是俄羅斯人，彼此對彼此的語言一句話也不懂，但是他們兩人卻默默不用任何言語地徹夜長談。

　　有一次，我作為指導教授一起參加了大學生俄羅斯服務活動。蘇聯解體後的俄羅斯，當時經濟上正處於非常困難時期。我們抵達了海參崴，學生們做勞動服務，我則做診療服務，就這樣平安地度過了3個星期的時光。

　　在最後一週發生了一件事情，參加服務活動的一位韓國大學生，與當地俄羅斯少女發生了不尋常的關係。我們擔心與當地俄羅斯青年們起衝突，一到晚上就回到宿舍，實施門禁管制。然而，那個學生是怎麼與那個少女相遇的呢？真是不可思議！愛神丘比特之箭射向雙方的心，在那麼短的時間裡，兩個人墜入愛河了！

　　語言不通的兩人墜入愛河的故事，在離開當地的幾天前，就開始成為茶餘飯後的聊天話題。終於到了行程的最後一天，我與同行的教授們商量後，局部性地解除他們兩個人的宵禁。那晚他們兩人就徹夜坐在我們宿舍的門口，度過了俄羅斯的最後一夜。

　　其實在那晚之前，我對於這個愛情故事仍然半信半疑。「一句話也說不通，怎麼會陷入愛情呢？」就在我看到了她的眼神之後，我改變了原來的想法。我們所乘坐的巴士為了出發而發動引擎了。直到那刻為止，他們兩人一直濃情密意地凝望著對方。我也難過地目睹著他們離別的場面，當看見她的眼睛時，感受到了「這兩個人真的相愛啊！」不過回國後就再也沒聽說過後續的故事了。

　　然而，至今我的腦海裡仍然浮現她那雙眼，以及送走心愛情人的身影。

　　他們兩人徹夜談了些什麼話呢？怎麼可能什麼話都沒說就墜入愛河呢？這些想法一直縈繞在我的腦海中。

　　也許愛情不是出於理解，而是被吸引，愛情不是以理解為前提的。在學習大腦的過程中，右腦會打破自身與外部世界的界限，將整個大腦連接在一起。反之，左腦則具

有將自己與他人或外部世界區隔開來的傾向。

也許由右腦運作愛情的同時，你和我的境界就已瓦解了。這樣看來，對愛情而言，由左腦掌控的語言並非必需品。我曾聽說過喜歡是有理由的，愛情是沒有理由的。也可能因為長得帥而喜歡，也可能因為漂亮而喜歡，也可能因為個子高而喜歡，也可能因為是名牌而喜歡，也可能因為好吃而喜歡。

但是愛情沒有什麼特別的理由的。母親愛孩子，能舉出邏輯上的理由嗎？誰會知道完全不相配的兩人墜入愛河的原因嗎？愛情不是以這種理解為前提的，也不一定非得需要理由。

電影《大河戀（A River Runs Through It）》中有「雖然不能完全理解，卻可以完全相愛」這一句台詞。那麼就相愛吧，不要用左腦斤斤計較。

每半個月的三天裡，
陪你做你想做的事

12月的第一個週末，我遇見了一位很有智慧的人。在偶然的機會下搭乘了一趟路途遙遠的計程車，在與該計程車司機交談的過程中，他提供一些意見，真的是很寶貴的內容。

他在亞洲金融風暴時失去了工作，短暫地做了幾份工作，之後也都辭掉了，最後當上了計程車司機。在計程車上他告訴我，他從8年前開始，與太太一起實踐的相處模式。方法很簡單，一個月的前半個月，其中有三天會和妻子一起做她想做的事情，後半個月也有三天兩個人一起做自己想做的事情。偶爾也會依據個人的時間表互相調整日期，三天的優先權就是尊重對方。

聽完了司機先生的這番話之後，讓我想起了撰寫《無

所不能的自由，無所不為的自由（무엇이든 할 수 있는 자유，아무것도 하지 않을 자유）》一書的現代舞蹈家洪信子。她和漢陽大學文化人類學系客座教授、德國丈夫維爾納・薩瑟（Werner Sasse）在70歲時結婚，並曾說過「愛情像是一場遊戲（Love is play）」。她說，婚姻就是對方說「走吧！吃吧！做吧！」時，不說「No」，而是與對方一起做。

雖然對於認識的人的提議是可以說「No」，對於配偶一起合作的提議，不要說「No」，而是先一起做。婚姻不是一天一起生活，而是幾十年、甚至於一輩子一起生活的約定。所以即使現在花一個小時、今天花一整天和配偶做對方想做的事情，還是有無數個其他的日子，可以做自己想做的事情，這就是婚姻。

幾年前聽到洪信子的結婚觀後就很認同，而具體的方法，是從這位有智慧的計程車司機那裡得到的。每半個月當中的三天，你陪伴對方做想做的事情。方法真的超簡單！計程車司機也如此實踐了8年。在這8年中並非都一直依照這個模式實踐的，頭兩、三個月，連三天一起做都覺得不簡單，後來每個月減至一天，就這樣度過了六、七個

月，兩人可以一起做的事情也漸漸增加了，於是又增加至兩天，最後才又恢復到三天，一直維持到現在。剛開始在一起，一天都覺得很尷尬，原本計劃好兩天的旅行，但因無事可做，也有當天晚上就直接回家的經驗。

　　但是現在卻變得非常期待，按照計程車司機的說法，每個月有兩個三天，即六天的時間，是期待與情人相見的日子。

　　連朋友突然的喝酒邀約，都會斷然拒絕，回說因為和老婆有約，所以不行。剛開始，兩人就像韓國60多歲夫婦的走路方式，彼此都間隔得很遠。然而，現在走路時手也會緊緊牽著，常被誤會是不倫戀，不過都會一笑置之。

　　事實上，夫妻很難進行相似的嗜好活動。彼此喜歡的東西可能會不同，丈夫喜歡登山，太太可能無法理解，為什麼要那麼辛苦地爬上去，然後又再下來。

　　結婚之初，小心翼翼地要求配偶一起做自己喜歡的事情，若對方露出不太喜悅的臉色時，下次就不會再要求了。這樣一來，可以一起做的事情就會逐漸變少。一個人做自己喜歡的事情時，還要看對方臉色，就連自己喜歡的事情也都享受不到。要不然，就會下定決心「你就依照你的方式生活吧！我也會以自己想要的方式生活。」

　　就如同前文的計程車司機所說的那樣，各自做對方想做的事情三天，可以一起做的休閒活動也會逐漸增加，夫妻關係就會變得越來越好了。

　　從現在起，哪怕是每半個月只有一天，跟著「親愛的」一起做她想做的事情，如何？

第五章

前腦的故事：
致站在前面的他

抉擇與成長

人有別於鱷魚，
在於擁有凸額頭的大腦。

究竟活著時在想什麼？
前腦變得如此大呢？

選擇了一個，
等於放棄了另外一個，
於是煩惱越陷越深，
以致使大腦前額變得越來越大嗎？

在無數次的抉擇中，
我們成長。

在抉擇中成長的人，
就是我，
生活的主人。

額頭凸的人聰明嗎？

「那傢伙的頭型長得十分好看，書應該讀得不錯！」偶爾會看到像這樣，看著他人的頭型，推測他的智商、性格、經濟狀況等情形。最近在韓國，連額頭或後腦凸出等頭型的整形手術也有人要做，由此可推知韓國人似乎很重視頭型。

弗朗西斯・馬戎第（François Magendie）提到如此重視頭型的學術歷史，是由1796年法國解剖學家弗朗茲・約瑟夫・高爾（Franz Joseph Gall）揭開序幕的。當然，以現在的眼光來看，當時的骨相學存在很多問題。之後出現了想瞭解大腦各部位功能的大腦地圖法（Brain Mapping），即是對大腦地圖的探索。

漫畫中描繪頭腦聰明的天才少年，或創造劃時代發明的怪傑科學家時，經常會把這些人物畫成額頭或後腦杓凸

出的頭型。擁有額頭或後腦杓凸出頭型者的頭腦真的聰明嗎？尤其額頭凸出者的頭腦怎麼樣呢？

即使額頭凸出，也不一定都聰明吧！然而，人類前腦的發達，是把人類變得有別於爬蟲類或哺乳類動物，最具人類特質的重要特徵。

在進化成比其他動物更高次元的高等次元動物時，前腦發揮了相當大的作用。因此，與其討論是否前額凸出的原因，不如討論額頭裡的前腦有多麼發達，更為重要。

我們之所以能正確瞭解前腦的重要功能，主要歸功於19世紀鐵路工人費尼斯・蓋吉（Phineas Gage）。他是一個誠實、善良的人，卻遭逢炸藥爆炸事故，鐵棍貫穿了他的前腦。

幸好他的命撿回來了！不過據說事後他的性格大變，原本的好性格有了截然不同的轉變。為什麼發生這麼大的變化呢？他變成一個沒有酒，一天也活不下去的酒精中毒者，還罹患性倒錯症，無法控制性慾，一見到女人就糾纏。性格固執、無法捉摸、反覆無常，任何一件事情都無法自己做決定或徹底執行，幾乎成了廢人，為什麼會變成

這樣的人呢？

　　我在仔細觀察有前額葉之稱的前腦額頭時，會聯想到像金字塔般的三角形。請在額頭兩側畫兩個直角三角形。放在眼睛上方之前腦下側平面之上，有沒有感覺正被某個東西壓著呢？這裡就是抑制衝動中心，生活中戰勝各種誘惑的力量就源自於此。前腦中間帶給人一種浮泉湧上的感覺，這裡叫做動機中心，這是能讓我們產生慾望的地方，前腦外側是計劃執行中心。

　　主要負責進行判斷，並以新點子擬定獨創性計劃的地方。從前腦的下側、中間、外側分別抑制各種衝動，負責喚起動機、擬定並實現計劃。

　　當前額葉的衝動抑制中心受損時，我們就很難掌控基本慾望的衝動，性犯罪等的發生也是因無法控制性慾所引發的問題。無法戒掉電玩或賭博成癮，也都因為無法徹底抑制這類的慾望衝動所致。我們所組織成的社會，之所以可以過著互相體諒的生活，是因為大家都適度地控制自己的各種行為。

　　如果前額葉的動機中心出現問題，就會變成一位什麼事都不想做的軟弱無能的人。如果動也不動地躺在沙發

上，連按電視遙控器都感到不耐煩時，那麼代表動機中心
受損了。

隨著年齡的增長，變成一個不知靈活運用頭腦、不聽
勸的老頑固。這也是因為位於前額葉三角形外側的計劃執
行中心功能下降所引起的現象。當想徹底執行某件事情已
擬定好的A計劃時，不過為了因應情勢的變化，有時也會
靈活運用B計劃來取代之。但是如果計劃執行中心的功能下
降，就不知如何靈活地轉變計劃。

費尼斯・蓋吉因為前腦受損了，所以既無法抑制衝
動，也無法過有計劃的生活。

他那受損的頭骨，對瞭解人類前腦做出巨大貢獻，據
說現在保存在哈佛大學裡。

我們經常說的耍小聰明，是針對各種情況都斤斤計
較、追求實質利益的人所說的話，並不具有正面性評價。
若能靈活運用前腦，就能戰勝各種誘惑，做出正確的判
斷、擬定最佳計劃。

也許各位會覺得書讀得好，是因為記憶力好的關係。

確實有記憶力超好的人，就是前面提到的海馬迴發達的人。但是書讀得好不僅僅是因為記憶力好的關係，克服想玩的誘惑、抱有積極向上的學習動機、徹底擬定具體計劃並付諸實踐等，三部曲必須配合得好，書才能讀得好，獲得某種成就。換句話說，人生成功必備的三部曲即是抑制衝動、賦予動機、擬定獨創計劃，這都是前腦的功能。

出生時每個人的外貌都不一樣，所以不可能所有人都擁有額頭凸出的頭型，但我們應該好好培養位於我們前腦的三角形之功能。

我們往何處去

您是誰？

這個問題太難了嗎？

那麼，您現在想做些什麼呢？

這也不容易回答吧？

那麼，您現在想要什麼？

在克制什麼？在擬訂什麼計劃？

然而，您到底是誰？

我也不知道我是誰，因為我的大腦是由爬蟲類、哺乳類和新哺乳類等三層石塔構成的，這三者錯綜交錯地影響了我個人的行為表現模式。擁有這種層疊結構大腦的我，有時把自己變成像鱷魚般惡毒，有時是把自己變成像小狗般感情豐富，偶爾也會把自己變成像人類般冷漠，做出冷酷的決定。

　　不過我仍然不知道我是誰。對於要回答我想要什麼、在克制著什麼、在計劃什麼等，真的並非一件輕鬆的事。

　　然而，這些問題會在我身體的哪一個部位進行呢？今天就讓我們來談這些課題吧！

　　這些問題會在我們大腦的某個區塊裡進行。公司執行長站在高樓大廈視野最佳的地方眺望著窗外，邊思考著公司的未來，在我們身體最高處的前半部有個思索這些問題的區塊。

　　我要什麼？在克制什麼？在計劃什麼？我在身體的哪個部位提出了這些問題，思考關於這些問題解答，並下達指示。接著，這些問題就規範了我的思考、我的行為，甚至於我自己，這就是前腦的功能。

　　讓我們試著從我這一個個體中跳脫出來，用我們群體的概念來拓展自己的視野，怎麼樣？

　　動物群聚時，就會為每個個體的群體地位排序，有頭目也有追隨頭目的群眾。吃東西也要由頭目先吃，之後其他人才吃。這個頭目擁有什樣的特殊能力，才使自己當上領導者呢？能維持那個地位的力量來自於何處呢？

查爾斯・巴特（Charles Butter）與道格・史奈德（Doug Snyder）博士的猴王實驗，經常被運用於理解人類前腦上。猴群裡總有一隻作為猴王的頭目猴子，這個實驗是先在幾個猴群中挑出各群體的頭目，使一部分頭目的前腦受傷，另一部分頭目則保持原狀，之後一併送回原來的猴群。結果，會出現什麼樣的狀況呢？

前腦受損的猴頭目不但沒有繼續當猴王，反而被孤立，淪落到倒數的位置。前腦未受損的猴頭目回到原族群中，一如既往地繼續當猴王。

羅德烈（Duk L Na）的《前腦型人》一書為人類社會掀開了關於「前腦」的討論，書中介紹了猴子頭目與四十大中小企業的代表故事。

某位公司代表在登山的過程中，於海拔4,700公尺高的時候，因精疲力竭，被雪巴人（Sherpa）背下山了。之後性格變得優柔寡斷，幽默感也消失了，慾望也降低了，在公司或家庭裡皆無法承擔起和過去一樣的責任。這是因為攀爬高山地帶引起的低氧症，進而導致前腦受損。

領導者若想引領組織朝正確方向前進，那麼前腦的功

能就十分重要。須能夠抑制自己的慾望、徹底賦予工作動機、激起工作慾望、擬訂未來計劃，並依照情勢變化做高靈活度的政策指導。

領導者不能徹底地管控自己個人的慾望，如果衝動成性，那麼對於和他一起工作的人來而言，就是地獄。

因為瑣碎的事情無法忍受，而對下屬發脾氣或對女性同事進行性騷擾等，這類的人就是前腦的衝動抑制中心生病了。

領導者若無法賦予自己工作動機，那麼工作就會沒有幹勁，整個組織就無法往前發展。年輕時活力充沛，隨著年齡的增長，多少會變得稍微有氣無力的，這是老化過程必然出現的現象。若程度過於嚴重時，也許是前腦的動機中心發生問題，那麼就是他該讓出領導者位置的時候了。

領導者不擬定未來的計劃，執行政策不知變通，變成一個老頑固，就很難跨越現實中所遇到的各種波濤，這就是大腦的計劃執行中心出了問題。

我的生活以什麼為目標？克制著什麼？我們這一群人是否能掌握正確的方向，順利前進，這兩者的核心，就在於我們大腦的前側。

此時此刻，我提出了我們難以回答的問題。我是誰？
我們往何處去？這些很難回答的問題，若您正在思索著
時，您就是領導者，您的前腦這座燈塔正亮著燈呢！

為什麼會有頸部呢？

為什麼會有頸部呢？

支撐我身體最上方頭部的頸部有什麼功能呢？我不是解剖學者，也不是要討論這個主題。那麼我們只是換個問題來討論而已，頸部第一件要做的事為何呢？

頸部的主要功能就是支撐頭部，讓頭部能挺直。然而，也有人會說頸部的存在理由是為了「低頭」。

今天早上去望彌撒時，翻了一下週報，立即映入眼簾的就是第一頁的照片。這張照片正是方濟各教皇，他為了自己和羅馬教會，向東方正教總主教低頭祈求祝福的場面。天主教和東方正教之間擁有千年以上的矛盾歷史，比韓國南北分裂七十年歷史還要長。太令我震驚了，教皇居然低頭祈求祝福。

他自己不正是為向他低頭的信徒們祈福的神職者嗎？

就世俗的眼光來看，這是屈辱性的舉動。

在世俗的眼光裡，如果是相反的舉動會顯得更帥氣。2007年南北韓高峰會時，韓國國防部長官金章洙昂首挺胸與金正日委員長握手的場面，韓國人都說他像軍中首長般帥氣。這與在他身旁帶著嚴肅心情、低頭用雙手握手的國家情報院長，形成了鮮明的對比，要抬頭才能彰顯金章洙的氣魄。

然而，方濟各教皇卻低下了頭，但他低頭並不會讓人產生受到屈辱或卑躬屈膝的感覺，他那樣的舉動反而令人更加尊敬。此外，將天主教領袖低頭的照片，勇敢地（！）刊登在《一致週刊》週報上的韓國議政府也值得鼓掌。

與他人打鬥時，要先抬頭，低頭就是失敗者。**如果雙方想達成共識，就必須要有人先低頭。不是因為軟弱，而是為了擁抱對方。**為了彼此達成共識的低頭不是失敗，而是獲得彼此成為一體的大勝利。然而，真正的強者為了達成共識向弱者先低頭的樣子，反而顯得更美麗。

為了合作，必須低頭。為了統一，必須低頭。不是因為脆弱而是因為堅強，所以必須低頭。

有些人低著頭的樣子很美麗，有些人低頭的樣子看起來有些卑鄙。導致這種差異的理由為何呢？也許是因為低頭的目的或低頭的人。為了自己的私利而向強者屈服放棄自尊心的低頭，是卑鄙的舉止。但從世俗的觀點來看，在不需要低頭的時候先低頭的舉止很美。

西方的握手問候是不會低頭的，但東方的打招呼大多會低頭，人與人之間的相遇就從低頭開始。抬頭握手的西方打招呼方式也十分帥氣，低頭行禮的東方打招呼方式也很古樸。

在彌撒中我望著週報上的照片陷入沉思的時候，今天從韓國束草遠道而來主持彌撒的吳世民神父開始講道。據說，他是來籌措在束草青堂洞海邊小教堂的建設經費。但是神父沒有談到金錢問題，只談到自己母親的故事。

他的母親17歲結婚，膝下育有11個小孩，他則是家中的老么。

大哥在晃蕩了一段日子後，最終成了神父。（這樣語彙表現方式不是我說的，是神父自己說的，請見諒！）此後，其他兩位哥哥也晃蕩了一段日子後，最終成了神父。

自己也晃蕩了一段日子後，最終也成了神父。我的姊

姊、母親唯一的女兒，也成為修女，那麼我母親就成為韓國第一位，將四個小孩都培養成聖職人員的母親。

這位母親在小兒子收下司祭品後，前往第一個任職地的當天，把一個小包袱遞給了他，並對他說：「去到任職地，遇到困難的時候再打開！」因為忍不住好奇心的誘惑，第一天晚上就打開了來看了。裡面有曾存放在衣櫃深處的吳神父嬰兒時期穿的上衣，和一封她母親因沒能好好上學，而寫得歪歪扭扭的親筆信。

「親愛的老么神父！請記住你原本就是這麼渺小的人。」

請記住低頭是為了讓自己知道不管身在何處，自己都是如此渺小的人。頸部是為了使位於身體最上方的頭部向下低而存在，低頭會傷到自尊嗎？

有什麼可以傷到自尊心的嗎？原本就是如此渺小的存在。因為自以為偉大，所以不願低頭。請看看這小小一件的嬰兒上衣，請想一想就連教皇也低下了頭……。

為什麼會有頸部？是為了低頭吧！因為我是如此渺小的存在。

主人意識與僕人意識

常說要有主人意識，主人意識很重要。但是隨著主人意識的擁有者之不同，而會出現有活力的愉快組織或灰心喪氣的憂鬱組織？

領導者擁有主人意識，想把組織與身為領導者的自己一體化時，就會製造出諸多問題。領導者強烈的主人意識讓他陷入「非我不可」的獨斷專行，執著地將組織視為自己的所有物。雖說一切行為都是為了組織，實際上卻是為了自己而做。

很多自以為是的領導者，原本並非品性不良者，但由於根深蒂固的主人意識（「我就是組織」），而導致組織中出現不和諧的現象。因為他與組織之間過於強烈的一體感，當位於某個職位時，就會出現無法放下組織的現象。

　　他堅信當自己離開那個位置時，自己的組織就會亂成一團。

　　或許因為擁有這種心情的關係，自己就成為擁有過於強烈主人意識的錯誤領導者。

　　領導者的職位只是主人給的臨時職位。

　　領導者一刻也不要忘記該位置不屬於我，而是在新領導者坐上該位置前，堅守該崗位的臨時職員。領導者的職位雖然是有時效性的臨時職員，然而，該組織的成員卻是必須長期生活在組織中的人。

　　領袖者如果擁有強烈的主人意識，可能會很危險。因此，領導者應該擁有徹底的僕人意識。請用那種僕人的方式好好地侍奉主人吧！這才是真正的領導者。

　　反之，如果成員們皆擁有僕人意識的話，即使不再仔細觀察整個組織，其結果也顯而易見。

　　組織成員們會在壓抑的工作氛圍中，微幅提高短期成果。然而，有能力的職員，隨時都想著要跳槽到其他公司上班。對！領導者要觀察成員們是否擁有僕人意識。僕人意識應該由領導者擁有，而不是組員們來擁有。讓成員們擁有主人意識，不就是真正的領導能力嗎？

　　各位當中若誰擁有主人意識，我就稱他為我們的主人，即稱他為組員或國民。

　　各位當中若誰擁有僕人意識，我就稱他為我們的領導者。

✦ 教訓與忠告

　　提供謀略總是比較容易的。負責提供謀略的謀略者，自認為自己從更高處看到更遼闊的視野，不過並不需要擔負任何責任。獲得好結果就是謀略者的功勞，壞結果就是下棋子的人的責任，所以哪有比這更輕鬆的工作呢？

　　身居高位是要負責任的，若身居高位，卻不用負責任的就是提供謀略的位置。當謀略不是出現在象棋盤或圍棋盤上，而是出現在日常生活時，我們稱它為忠告。當我們聽到他人的困難點時，會由衷地帶著想幫助他的心情，很容易地提出忠告。在不負任何責任的情況下，從客觀的角度為他人提出了最佳答案。然而，果真如此嗎？

　　不久前，在與朋友通電話時，朋友傾訴了難以下決定的問題，所以就非常熱情地提出了忠告。掛掉電話後，才覺得很微不足道，做了丟人現眼的事情，給予忠告與提供

策略是不是很相似！

　　忠告一般不是出自於與自己職等差不多的同事，而是出自於職等比自己稍高者。事實上，喜歡提供謀略的人，很少有人可以把圍棋下得好，真正的高手是不會給他人提供謀略。

　　在新聞上常會看到性騷擾等犯罪行為之舉發，有一些是社會名人過去對自己周遭的女性做壞事被舉發。這些女性需要很大的勇氣才敢站出來揭發這些醜事，她們好些年沒跟任何人提過這些事，深鎖在自己的心裡，緊緊鎖住，不論是呼吸、吃飯或是睡覺，無時無刻都感到痛心。

　　在社會上頗有名氣的這些人，為什麼會做出這種愚蠢的行為呢？不久前，在晚餐聚會時聽到了後輩的說明之後，自己點了點頭，表示認同。因為他們認為自己身居高位，自認為地位比他人高，就可以隨便對待周遭的人。沒錯！若認為自己地位比周遭的人優越，怎麼會將周遭的人視為與自己平等的個體，並平等對待之呢？

　　不論是提供謀略者，還是上司，或是作威作福者，探

究其內在層面時，發現他們就是以自己比對方位居高位的優越感為根基的。就像不能對周圍的女性做壞事一般，也不能隨意給他人提供策略，所以提出忠告前也必須經過深思熟慮。

在說出不負責任的忠告之前，請先再自我省思一下。這難道不是出自於「我比你更好、更有智慧、更有經驗、更瞭解你」的想法嗎？

請從高處走下來吧！因為你和我站在同一個行星裡、同一塊土地上。

散播幸福病毒

「何謂經營公司？」偶爾會有這樣的想法。

許多執行長與管理者，將財務報表與去年的業績進行比較的同時，並為了如何取得更好的績效而絞盡腦汁。

英國作家西門・奈克（Simon O. Sinek），在他的TED演講「偉大的領袖如何激勵行動」中提出了「黃金圈」法則。黃金圈是由中間圈why、往外一圈how、最外一圈what等三個圈所構成的。

大致上可以分成生活方式或問題解決方式兩種。隨著從中心往外或從外往內等進行方向之不同，而產生不同的行為模式，而對他人之領導方式及影響力亦隨不同。

一般平凡的組長首先集中分析what，想找出how，以解決問題。但是像史蒂夫・保羅・賈伯斯（Steven Paul Jobs）與小馬丁・路德・金恩（Martin Luther King，Jr.）這

樣偉大的領導者，首先會提出why的問題。而且為了解決
why，而開始找尋how。

　　what可以說是一種對於只是why的提問結果。「黃金
圈」是一個方向差異的單純邏輯，結果和影響力大不相
同。

　　與想到what的組長一起工作的時候，很難在自己的工
作中找到意義。會把自己視為是與財務報表相當的附屬
品，不想成為那件事的主體，只想成為等待發薪資日的職
員。

　　當人們與在胸中點燃why這把火焰的組長一起工作
時，why可以成為自己生活的局部原動力，不再是以薪資
為目的的組員，會成為和組長一起前進的隊員。

　　即便如此，還是會留下許多疑問。為什麼要經營公司
呢？為了賺錢？若為了賺錢而經營公司的話，職員也會為
了拿到薪資而上班。偉大的領導者會提出了更根本性的
why問題，當why是影響很多人的巨大主題時，其結果的產
物也會帶來巨大的財富。其結果也會改變時代生活模式，
並名留青史。

經常將許多公司的智慧型手機與蘋果公司的iphone做比較。雖然有出現比iphone更出色的智慧型手機，但它們無法影響智慧型手機發展史的歷史篇章，因為已由iPhone獨佔鰲頭了。

賈伯斯雖已離開人世，但作為改變一個生活模式的歷史人物，將與iPhone一起載入史冊。

其他智慧型手機公司的銷售額或市佔率雖逐年上升，該公司的老闆雖因此變成大富翁，然而他們仍然很難名留世界歷史。這就是從why開始解題的領導者，和從what開始解題的領導者之差異吧！

讓我們回到原來的話題「何謂經營公司？」

「幸福公司（Happiness Ltd.）」創辦人亨利‧斯圖亞特（Henry Stuart）在採訪中談到了員工的幸福。

「員工在感到自己幸福的時候，能獲得最佳成果。幸福的員工遇到幸福的顧客，會提高幸福的收益。但不幸福的員工，既讓顧客不幸福，又得不到收益，顧客也能馬上察覺職員是否幸福。」

因此他強調說：「**透過讓職員幸福，讓他們將潛力發揮到極致，這就是作為CEO的我之功能。**」

「何謂經營公司？」

這個問題的答案各式各樣。我試著將把問題改為「公司為何而存在呢？」如果您對此問題想給出「為了包括我在內的成員之幸福」的答案，CEO要做的就是「傳播幸福病毒」。

✦ 製造衝突的疑問詞

太太問道：「您到底怎麼了？」媽媽問道：「你到底怎麼了？」部長問道：「金科長，為什麼這樣工作？」

真是令人困惑的提問。當接收到這個提問時，我必須說出我的見解，然而，對方已經站在堅定的反對立場上提出了這個問題，無論多麼有條不紊地回答，這個問與答的最終結局卻十分明顯。衝突的起點就是從「為什麼？」開始。

我在社會生活中學會了一個不該向他人丟出的疑問詞，就是「為什麼」，它是衝突的點火石，我是在和太太對話的過程中才慢慢領悟到這一點，這個疑問詞也要少對孩子說。那在職場上就不用說了，甚至於在跟病患問診時，也儘量避免使用該詞，這是我行醫生13年後，才領悟到的。

但「為什麼」是非常重要的疑問詞，前面所提到的偉

大領導者引領行動的祕訣就在於why。

　　一般公司或人的思緒和解決問題的程序，是從說明這是什麼的what階段開始出發的，下一個階段才是如何解決的how階段。

　　反之，卓越的領導者或集團們卻把why置於圓的中心，將how和what放置在外圈上，並進行說服與解決問題的。賦予人們動機，甚至改變世界模式的疑問詞，就是「為什麼」。

　　解決問題的核心－「為什麼」，那又為何會成為引發衝突的原因之一呢？

　　我們有必要關注「為什麼」的方向性，自己對自己提出「為什麼」時，是解決問題之鑰。當然朝着對方提出「為什麼」時，它就會成為刺向對方心臟的利箭。

　　因為它會被理解為我與您的立場不同，並成為表示堅決反對的手段。「為什麼」是反思自己的疑問詞，並非是為了反駁他人而提出的。

　　「為什麼？」
　　這個疑問詞既能悟出道理，也能有驚人的科學發現，

也能建立新社會體系。所以越陷入錯綜複雜的問題當中，越會靜止不動，這時必須邊搖着頭，並捫心自問「爲什麼」。

　　你可以對自己開槍，但不要隨意對他人開槍。

六何原則中哪一個最重要？

六何原則中哪一個最重要？

何人為何會在何時、何地、做何事呢？這六何原則，「何人」顯得最為重要。因為在「何人」這詞彙上賦予了主詞的功能，看起來是成為主體的部分。世界可以被說成是何人在做何事，所以「何人」似乎成了六何原則之首要。

一切皆是人做的，所以與好的人組成團隊、進行工作，就是組織。

然而，心理學家崔仁哲，主張從另一個角度來解釋強調「何人」的問題。無論任何事件發生時，「何人」的優先主義，就是只針對該事件的本質，不考慮促使該事件發生的社會環境因素，只用狹隘的視角解釋為當事人的問題。某件事的發生有可能是當事人的問題，也有可能是環境因素所造成的。

　　崔仁哲說讓我們在未來把時間點提出來討論！我們所經歷的很多事情皆有可能與時間點有關。

　　如果出生在過去，我還能這樣生活嗎？

　　聽他的說明之後，六何原則中「何時」顯得最為重要。

　　但也有人主張，應該從本質上看待問題。在前面提到的西門・奈克「黃金圈」法則中，優秀企業的特徵是以why-how-why的程序分析問題，而不是what-how-what。許多現有企業定義問題（what），苦惱着如何做（how）以解決問題，對於真正最重要的「為何」（why）這個問題，並未做深入探究。

　　聽了他的話之後，六何原則的本質似乎是「為何」。所有疑問的核心都是從「為何」發生的，愛迪生的發明也是從「為何」開始的，賈伯斯的革命性蘋果系列產品也是從「為何」開始的。

　　然而，有些人強調細節。「如何」與異想天開的「為何」之間的差異，是從「如何」將事務表現在細節中產生的。「魔鬼藏在細節」這句話中，強調各論比總論更為重

要，即強調「如何」的重要性，最終差異應是從「如何」中來。

也有人強調「何時」比何事更為重要。主張為了使何事成功時，改變環境比努力更重要。

無論再怎麼努力也不易實現，換個環境時，受環境影響的我們，最終能夠完成符合那個環境的事情。所以比起督促個人的努力，改變環境更為重要。

另外，從個人決心來看，也適用在「何地」上。從三分鐘熱度這句話中，可以看出我們的決心很難持續。所以如果不想讓很多目標只停留在追求事項的階段，必須將目標與「何時」連結，並寫下具體的時間。

但是最近提出了比「何時」更重要，能讓決心成功的方法，將我要去「何地」做些什麼的方式，來與「何地」連結在一起。下定決心做晨間運動後，當早上做不了運動時，一般就會放棄。採用不管去何地都要做運動、不管去何地都要寫作等方式，試著與地方條件連結起來時，就會變得更加具體。

「何時我們總會再見一次吧！」人與人之間偶然相遇

後又分離時，經常說的這句話並非約定，只是道別而已。然而，當時若指定場所時，就很容易成為下一次見面的約定。

大家都搞糊塗了吧！如此看來，六何原則中的「為何」似乎也很重要，「如何」也很重要。不僅是「何時」，還有「何地」看起來也很重要。當然「何人」和「何事」就本質而言都很重要，六何原則中何者是最為重要的提問，也許就是最愚蠢的問題。

綜上所述，以「為何、如何、何事」的視角，具體決定「何人、何時、何地」，是不是既保留了魔鬼藏著的細節，也保留了為何的本質。如此看來，六何原則皆是不可或缺的要素。

是想要培養？還是想要利用？

「我有一個針對領導者提出的重要問題。自己是在培養人才嗎？還是爲了追逐自己的夢想而利用其他人呢？」約翰・麥斯威爾（John C. Maxwell）的這個提問，如同給所有領導者重磅一擊。

隨著領導者之不同的回答，會展現出截然不同的領導者形象。此問題的分岔路，是由一個核心問題所構成的。

「為了誰？」

有爲了人們，並幫助他們成長的領導者，也有為了自己把人們當作工具的領導者。

培養他人的領導者是爲了實現他人的夢想，利用他人的領導者是爲了滿足自己的慾望。

我常說委任的重要性，這種委任也會出現兩種類型的人。一類是讓他人體驗自己所完成之事，並擁有接受相關

教育訓練機會的人，另一類則是單純把自己的事情交給他人，之後想獨攬其功的人。

世界上的領導者，也是對於自己的位置持有兩種立場。認為自己的職位是臨時職位的領導者，與終身職的領導者。大部分的獨裁與錯誤，皆源自於領導者認為自己的職位是終身職，漸漸地不認為自己是組織成員，而陷入組織是屬於自己的之極端狀況。

接著讓我們來仔細分析一下這個問題吧！

「是想要培養？還是想要利用？」

「培養」這個詞彙是對於「做好離開的準備了嗎？」之問題的回答。因為領導者的位置是臨時職務，因為知道自己並非組織本身，只是組織成員之一，於是培養其他領導者，做好離開的準備。

「利用」這個詞彙，是從為了確保自己擁有更高位置之自私心中生成的。為了守住這個位置，有時還會和部屬競爭，狀況大概會很悲慘吧！這是在韓國歷史上常見的情況吧！

尼爾・唐納・沃許（Neale Donald Walsch）似乎也擁有

同樣的想法，留下了這樣的話。

　　「比起教導最多學生的老師，培養最多學生的老師，才是真正的老師。**比起擁有最多追隨者的領導者，培養最多人的領導者，才是真正的領導者。**」

為什麼3M中少了Money

在組織中能讓人動起來的力量為何呢？

似乎有人半開玩笑地回答說：「錢啊，錢啊，還是錢啊！」哈佛商學院的管理學教授羅莎貝・坎特（Rosabeth Kanter），提出了激發組織成員工作動機的三種M，即3M。這裡的3M不是指製做便利貼的公司，而是指「熟練專精（mastery）、團隊向心力（membership）以及意義（meaning）」。

雖然我有點苦惱該如何解釋熟練專精（Mastery），但比起「熟練」或者「精通」的字典意義，我比較想把它改為「自我開發」或「成熟」的意思。

當組織成員感覺組織可以讓自己不斷發展時，那麼工作就不再是繁重的工作，而是可以積累多種經驗，讓自己變得更成熟的事情。縱然工作的重複性高，仍然有可能成為以重複性通往大師之路的途徑。

　　所以對成員而言，自己是否可以在組織中學習、成長的氛圍，比組織本身的發展更為重要。

　　會員資格（Membership）具有何意義呢？會員資格的最佳實例就是興趣同好會。因為有趣而申請會員資格，並繳納會費，投注自己的時間。

　　會員之間的最高境界，也許就是「朋友」。與朋友們相見，就會產生有趣和愉快的心情，也會輕鬆地吐露自己的苦惱。反之，朋友遇到困難的話，也會放下一切，走向對方安慰他。如果想自發性地成為會員，就要喜歡那個聚會。要開心啊！所以，似乎在談有趣（fun）的經營。

　　經常以西南航空公司作為有趣經營的成功實例，「員工也開心，顧客也開心的公司」，在美國被評為最佳企業的西南航空公司。這家公司有一種不把工作當作工作，而是視為是玩樂的企業文化。

　　而Google則是設立了首席文化官 （Chief Cultural Officer; CCO）的職位，據說首席文化官的職責，主要在維持公司的獨特文化，讓員工幸福。「組織成員之間如何能夠像老朋友一般建立友誼」，是會員資格這一主題的關鍵吧。

　　就意義（Meaning）的角度來思索時，就覺得讓成員們動心的三M順序被顛倒了。

　　意義（Meaning）應該排名第一吧。感受到歸屬感，自我開發，也是以該組織的意義為基礎才有可能實現的。

　　「我為什麼做這份工作？」在同一工地裡做同樣工作的工人們，有的會把自己定調為領微薄薪資的日薪工人，有的則會把自己定為建築家，正在創作輝煌的建築藝術品。

　　前者會用粗工的心來工作，後者則會以藝術家的心工作，兩個人做出的成果肯定會有差異。

　　在激勵員工行為的三M裡，為何少掉了Money呢？金錢這種經濟層面的激勵，不是一定會成為激勵行為的力量嗎？是的。在許多組織中，經濟層面的獎勵，確實成為激勵員工行為的原動力。對於單純的工作而言，經濟層面的激勵確實能帶來某種程度的效果，但成效卻是短期的。

　　丹尼爾・H・平克（Daniel H. Pink）洞察到「金錢只是單純行使控制力的手段而已。」根據他的說法，控制只會讓職員順從和服從，並不能引導他們投注心力於工作上

去。

　　經濟層面的激勵並不能賦予3M等自發性的動機，成員們也會感受到這是他人的控制手段。放棄了大學教職，目前擔任各種問題研究所所長的金正雲所長形容，這是因為「**自尊心比獎勵更為重要**」。

　　組織中將人視為控制的對象，即視為客體，或是將其視為與組織一起行動的主體，這是因為組織經營之重要性觀點的不同。

　　無論是小組織，還是大組織，推動人前進都是一件非常困難的事情。不能單純地用經濟層面的獎勵來激勵人的行為。所以，如果想在組織上不斷取得成果，首先應集中於人本身，而不是眼前的數字。

　　「以人為優先。」
　　這可能不是單純的口號。

惡人所支配

　　我一直很好奇，為什麼在組織中，佔據長官（領導者）位置的人，大多是自私的野心家，而非關懷他人的慈善家呢？是因為大部分善良無私的人，對這樣的位置不感興趣，而喜歡待在邊緣的位置嗎？

　　可以從鄭賢鐘《厄運（나쁜 운명）》一詩中找到解答。

這世界
為惡人支配著。
「好」人不想「支配」，
也不知如何「支配」。
因此，只要「支配者」或「支配行為」一直存在著，
這世界的不幸將永不止息。

　　好人偶爾也會成為領導者，被周圍人擁戴而坐上那個位置。但他知道那是一個暫時停留的地方，經過一段時間

後，要將該位置讓出來。在他擔任領導者的短暫時間裡，人們會有幸福感。

韓相福曾在《現在寂寞就是好事（지금 외롭다면 잘되고 있는 것이다）》一書中談到。在社會裡出人頭地與登山有三個共同點：

第一是「攀登」。在攀登之前，我認為從下面登上頂峯會變得幸福。

但是經常忽略的第二個共同點，就是「馬上要下去」。不論是什麼職位，我都說那是臨時職位。科長、所長、院長、社長乃至長官、總統在內，都只不過是幾年內就要離開的臨時職位而已。猶如登上山峰後又要下山一般，在社會上出人頭地也一樣，無論上升到什麼位置，總有一天要離開，但我們卻經常忘記這一事實。

第三個共同點，就是「越往上爬越孤獨」。有必要徹底瞭解必須孤獨的頂峰特性。有些人在孤獨的地方，揮舞着自己的力量，更加獨斷獨行，有些人因孤獨，會一起創造出派系文化。因為山峰很孤獨，所以經常是自己自願從

高處走下來，反而能將一起工作的人視為是同事攜手合
作，會成為比較不孤獨的真正領導者。

　　像耶穌、佛祖等類的存在實在太遙遠了，於是就放棄
吧。像以傻瓜自居的金壽煥樞機主教，或想變得無限渺小
的方濟各教皇一樣的人，在擔任領導者時，受苦的人能得
到莫名的安慰力量。

　　也有從一個好人變成「領導者」，再變成「支配者」
的情況。面對這種人的變化，人們會感受到一種背叛感。
表面上看似好人，內心卻不成熟，應該是個沒徹底做好修
行的人吧！

　　接下來，我們試著來看一下鄭賢鐘的《好運（좋은 운
명）》一詩。

這世界
由好人來服務。
「壞」人不想 「服務」，
不知如何服務，所以
因為不服務，
因此，只要有「服務者」或「服務行為」一直存在

著，這世界的幸福將永不止息。

　　沒錯！即使壞人統治世界，世上的花朵仍繼續綻放，飛鳥仍繼續翱翔，因為大部分的人都是好人。

最高級形態有複數？

　　「好奇怪，這怎麼可能？」就讀國中時第一次學英語，接觸到關於英文文法最高級的例句時，覺得非常奇怪。One of the highest mountains.（最高的山巒之一？）使用最高級的最高山應該只有一座，怎麼可能變成複數的山（mountains）呢？

　　也有這樣的例句：One of the most important things.（最重要的東西之一？）在英語翻譯發達的韓國，這樣的句子也經常出現在韓國語中。然而，怎麼可能有好幾個最高級的呢？比較級是比其他級別更好，是有可能是複數型。然而，最高級不就是指在多個中最高的、最佳的一種語法形態嗎？在學英語時，常覺得這種最高級形態有矛盾之處。

　　今天早上跟太太談到了，學生時代對於複數最高級形

態感到困惑的故事。

　　太太說：「這很奇怪嗎？難怪你的英語會話能力不佳！只要背起來就行了，幹嘛分析……」

　　對！只要默默背誦即可，看來這似乎是無謂的想法。

　　讀完《少，但是更好（Essentialism）》一書作者雷格・麥克肯恩（Greg McKeown）的訪談內容之後，又再度喚起了這種無謂的想法。

　　「『最優先』意義的英語單詞『priority』首次出現在1400年代，此後的五百年間只使用單數形態的『priority』，1900年代以後才開始使用複數形態的『priorities』。」我認為最高級的複數形態，就是扭曲事實的不合邏輯之現象。『最優先考慮的』怎麼可能有好幾個呢？」

　　也許在過去的最高級雖然有單數形態的『the most important thing』，但可能沒有複數形態『one of the most important things』。也許這是隨着時代趨勢而改變的說話形態。這就像是單數形態的priority進入近代，就轉變成複數形態的priorities情況一樣。

在抉擇的時代洪流裡，人們甚至把「最優先」這個詞彙創造出複數形態，因為最重要的東西都散落在各處。在很難抉擇的狀況下，雷格·麥克肯恩提出了「90%法則」作為決定事情重要性的方法。

「選定一個最重要的評鑑標準後，並以此爲依據，以0分到100分幫抉擇對象打分數。」

如果某個抉擇對象得不到90分，那就等於零分，請經過審慎評估後，就放棄吧！可以避免無法透過此方法做出判斷而猶豫不決，或被60分或70分的抉擇對象給絆住腳。各位沒有理由，將時間和努力花費在這種低分數的抉擇對象上。

對你而言，順序最優先的事情為何呢？

「即使你把這週所有的其他事情都拋在腦後，也一定要做的『一件事（The ONE Thing）』是什麼呢？」

蓋瑞·凱勒（Gary Keller）與傑伊·巴帕森（Jay Papasan）在《成功，從聚焦一件事開始（The One Thing）》一書中，提出了這個問題。因為爲了做一件事，我們擁有的時間與能量是有限的，所以要強調的不是

「加」，而是「減」。須減，才能使複數的priorities成爲單數的priority。

最高級不是複數，是單數。人生中最重要的事情（The most important thing.）是什麼呢？如果在人生中很難找到那一件，那麼對我來說，這週最重要的事情（The most important thing.）是什麼呢？如果這也很難，那麼對我來說現在最重要的事情（The most important thing.）是什麼呢？不是多種複數，而是只有一種最重要的單數。

人生的優先順位

「如果不定下自己人生的優先順位，他人也會定下我人生的優先順位。」

這是雷格・麥克肯恩在《少，但是更好》一書中所說的話。不覺得毛骨悚然嗎？他人能控制我的人生。

抉擇的權利是人類本質的重要要素。不論是有神論者或無神論者，還是資本主義者或共產主義者，人類可以抉擇繼續維持自己的生命或自殺，但是偶爾也會覺得自己沒有抉擇的權利。

對此，雷格・麥克肯恩在《少，但是更好》一書中提到，「抉擇的能力，誰也不能帶走，也不會消失，只會被遺忘。」作家馬德琳・恩格爾 （Madeleine L'Engle）曾說過：**「擁有抉擇的能力，才能讓我們成為人類。」**

對！有時候我會有這樣的想法，在組織裡，我的抉擇

權不在我身上，而是在組織或上司那裡。但是，是否繼續加入該組織的抉擇權也是在自己身上，不要再說一些吃飽撐著的話了，而且這並非一個簡單的問題。

然而，請這樣想一想。在農村種地，用野菜拌飯吃，還是在聚餐時吃肉喝酒，都是由自己決定的。我人生的本質性抉擇權，不會被誰帶走，也不會消失，請銘記此道理！

當生活中突然一下子許多事情蜂擁而至，使自己陷入抉擇的泥沼中時，請先考慮一下3W疑問詞吧！

「為何（Why）？何時（When）？何事（What）？」

首先該提出「為什麼要這麼做？」這個最核心的why問題，第二，要確認「即便如此，現在這個時刻也要做嗎？」這個when問題，如果沒能正確回答這兩個問題，且猶豫不決，現在就不是做那件事的時候嗎？

這兩個問題都順利過關時，那麼最後再來決定what吧。「那麼，要做什麼最重要的？」試用第三個問題問自己。生活中什麼是最優先的？請把它放在今日的生活當中。

✦ 擁有捨棄49的勇氣

　　人生不是取決於如何選擇最佳方案，而是多麼會選擇次優方案。若有可以選擇的最佳方案，那就選擇吧！

　　問題是最佳方案並不是簡單的存在，所以雖然知道了最佳方案，然而，就現實層面而言，卻有很多情況是不可能實現的。如果想像別人一樣成功的話，選擇最高學府哈佛大學，也許是最佳方案，但以我現在的水準，有可能是無法實現的。

　　這種不可能實現的最佳方案，並不會像可能實現的最好方案那樣令人苦惱。只要選擇可能實現的最佳方案，不可能實現的最佳方案就要捨棄。我們要考慮的是，如何選擇出留在我們身邊的次優方案。那些次優方案大多沒有什麼特別之處，幾乎差不多，十之八九就像是在矮子隊裡選將軍的情形一般。

在一次聚會上，坐在前面的人說：「不知道這次選舉該選誰？」坐在旁邊的人說：「這次選舉不是選出最佳人選，而是應該一邊想着不能成爲最佳人選的人，一邊投出神聖的一票。」

聽到這番話後，我突然有一個奇怪的想法。乾脆改變選舉制度如何？為了選擇最希望選不上的人，就以得票率最低的人作爲我們的代表吧！活著的時候，在難以抉擇時也可以這麼做。如果對於自己喜歡什麼感到猶豫不決時，那麼就想看看什麼是你最不喜歡的。

蓋瑞・凱勒（Gary Keller）與傑伊・巴帕森（Jay Papasan）在《成功，從聚焦一件事開始》一書中提到，問自己「對你來說最重要的『唯一一個』是什麼？」拋開一切工作，現在必須做的一件事是什麼？聽到這個問題時，我們只想集中精力在其中一個上。然而，此時我們容易忘記的是，爲了做這「唯一一個」，只集中火力於「唯一一個」上，同時也必須放棄「其他什麼」。沒錯！似乎是選擇了一個，就必須放棄其他的。

世上的抉擇如果很明確的是99比1，那該有多好。只要

到70比30左右，也不會有因為抉擇而頭疼的事情發生。51比49的情況，就會令人頭疼，51看起來似乎也不會比49好很多。

是的！沒有多大的差異，那就不要再苦惱了，請選擇51。不，更準確地說就是捨棄49。

正在對於可能或不可能實現的最佳方案，而感到猶豫不決時，請別再浪費時間了。可能的，就儘快執行；不可能的，就是儘快從腦海中抹去。

我們要傾注能量在觀察可能的次優方案上。選擇51，就需要有捨棄49之勇氣。

要做這個，還是那個

　　醫學院內科系的代表性教科書有《西氏內科學（CECIL Textbook of Medicine）》和《哈里遜內科學（Harrison's Principles of Internal Medicine）》。我一直在苦惱著要看哪一本書，結果在考試前兩本都放棄了，只選擇看考古題。這樣的抉擇比較好呢？還是那樣的抉擇更好呢？時間就在抉擇的猶豫不決中流逝。人們不知道自己的真實想法，所以有時候會用「慎重」的態度來評價自己這樣的舉動。事實上，我自己的個性也是比較優柔寡斷的，不能馬上做出決定。

　　廣告人朴雄鉉對「抉擇」說了這樣的話：
　　「無論做出怎樣的抉擇，都絕對無法做出最完美的抉擇，也沒有最正確的抉擇，最重要的是『不反悔的態度』。」

　　每當我買東西時，我都會想起爸爸曾對我過說的話：
「不要在自己逛的第一間店家裡買東西，若買的話，就不
要反悔。」人生不是選不選擇最佳方案的問題，如果確實
有最佳方案，無須考慮，就直接選擇就好了。

　　人生中大部分的最佳方案都是模糊不清的，只有像半
斤八兩般的次優方案，圍繞在自己的周遭。在抉擇之前，
須慎重地做比較，如果是水準差不多的次優方案，即使投
硬幣，也要將能量傾注在「正確的抉擇過程」，而非「正
確的抉擇」，而且別反悔！

✦ 模糊焦點與捨棄

「啊！照片拍得真好！」

拍照後偶爾會聽到這樣的稱讚，那麼就會產生「啊，我擁有攝影天分」的錯覺。

然而，大多數實際的狀況是相機功能比攝影技術更好，所以才拍攝出這麼美的照片。就外行人而言，只要拍攝對象的焦點很清晰，周圍背景的焦點模糊不清的話，就可以拍出不錯的照片，這叫模糊焦點。

金子由紀在《少物好生活 （「持ちすぎない」暮らし）》一書中，試著將攝影技術與不擁有的主題連結起來。

「照片拍攝時有『背景處理』，被攝體的背後若有雜亂的東西時，重要的被攝體就不會被突顯出來。『不擁有的生活』也與『背景處理』一樣。比起『擁有什麼』，

『不擁有什麼？』或許更能將那個人的特質表現出來。」

　　能將自己好好呈現的是什麼？換個問題來思考，對我而言，最重要的是什麼？

　　為了做到上文提到的「唯一一個」，就須集中精力在「唯一一個」上，也必須放棄「其他什麼」。是的，為了抉擇一種對我來說最重要的東西，就等於捨棄了其他東西。

　　今天你捨棄了什麼？你為了什麼而捨棄了什麼？

　　焦點模糊的照片並非好照片，只是捨棄了背景而已。並非因為背景不重要，而是與背景相較之下，在相機前的你更珍貴（雖然對背景感到抱歉），所以捨棄了。

　　請模糊焦點！然而，要將焦點對準在什麼地方上呢？還是要果斷地捨棄些什麼呢？

✦ 有期徒刑罪犯與無期徒刑罪犯

如果讓你在以下兩個中選一個，你會選哪一個呢？

被處以有期徒刑幾年以後出獄的有期徒刑罪犯，與處以無期徒刑的無期徒刑罪犯。

扔出這種問題的我很愚蠢吧！然而，申榮福被處以無期徒刑後，在服刑期間寫下了《從監獄開始的思索（감옥으로부터의 사색）》一書。金正運曾問他對未來毫無期待的無期徒刑罪犯，究竟能以什麼動機，在20年裡始終如一地寫出這樣的信件？

「完全可以提出這樣的問題。有期徒刑，是指幾年後就能出獄的短期罪犯，這與無期徒刑罪犯之間存在著決定性的差異。對於短期罪犯來說，服刑儘快結束的話，服刑時不用想著任何事情，只想着出獄即可。反之，無期徒刑的出獄日期還沒有定下來，所以每一天要有活下去的意義。就結果來看，人生不就是那樣嗎？生活的過程必須美

麗，要感受到某種自信心，也要有所領悟…。所以我覺得出於無期徒刑這種非常絕望的狀況時，也許會為人生帶來另一種視角。」

金正運說當他聽了申榮福講述關於人生過程的這番話，感到很衝擊，並將與申榮福的談話內容整理在《男人的工具（남자의 도구）》一書中。

「服兵役的他們只想著退伍的日子，出國留學的他們只等着取得學位的日子。何時退伍、何時取得學位。然而，在等待退伍、等待取得學位時所度過的年輕歲月，難道就不是我的人生嗎？這樣退伍有什麼用？取得學位有什麼用？在這段歲月裡『我們愉悅的年輕時光』已在無精打采中消失了。」

在只等待退伍的日子或取得學位的日子的過程中，而捨棄了今日的生活，這樣的生活與等待出獄日期、塗抹掉牆上日期的有期徒刑罪犯之人生沒有兩樣，明天某個時間點難道不是以今日的時間作為抵押嗎？所以，我的生活不是在「現在這裡」徘徊，而是在「某個未來的那裡。」

　　如果是在監獄的話，想僅快擺脫牢籠的有期徒刑罪犯也許更好。但生活並不像出獄日期一樣已經事先定好日期了，反而比較像是無期徒刑罪犯一般，並沒有預定好日期。申榮福留下最後一本書《談論（담론）》，就離開人世了。由此可推知，他在離開人世之前，仍然想和這個世界對話。

✦ 趣味與意義

　　趣味與意義，這兩個單字是在閱讀《姜元國的寫作(강원국의 글쓰기)》一書時開始關注到的。趣味與意義，是我想要尋找的兩種味道。

　　遇到有趣的事情，時間就會在不知不覺中流逝了。雖然是同樣的時間，只要做著有趣的事情，時間馬上就會過去了。趣味使我有所領悟，無論誰說有趣的事情，我都會著迷。

　　遇到有意義的事情，自己就會變得嚴肅，會重新思索自己人生的價值。有意義的事情，即使有點辛苦，也可以笑着做。在炎熱天氣裡所流的汗，會讓人感到厭煩，但做有意義的事情所流出來的汗，反而讓人覺得舒爽。看來意義，就是像這樣的層面吧！

　　既有趣又有意義的事情，那就不用再猶豫了，不管誰

勸阻我，我都一定會去做的。即使在前面擋着，也會躲在後面做。不只有趣，還很有意義，還有誰能阻止呢？在人生中可以做這類事情的人是幸福的。

如果只有興趣，那麼就會出現各式各樣的情況吧！然而，興趣到底是爲了誰而做的呢？興趣，就是爲了自己。不是他人，而是必須我自己覺得有趣，才會有趣。興趣的核心在於我。所以我的興趣偶爾也有可能傷害到他人，那就要避開。

反之，只有意義呢？意義到底是爲了誰呢？意義是爲了我和你。比起只屬於我的意義或只屬於你的意義，我們的意義才是真正的意義，意義的核心有我們。意義的核心有我，也有你。興趣只是我的事情，而意義也與你有關。

在思索趣味和意義的過程中，開始對韓語的재미（韓語音：jaemi；意思：趣味）的漢字詞感到好奇。我馬上想起了의미（韓語音：uimi；意思：意義；漢字：意味）意義上的漢字詞。因爲漢語的의미（意思：意義；漢字：意味）的漢字詞是由의（漢字：意）與和미（漢字：味）組合成的，所以可能是「意義上的味道」，釋義好像是如此。

　　然而，韓語재미（韓語音：jaemi；意思：趣味）的漢字詞為何？試著查找詞典，發現재미無漢字詞，在韓語中與재미相似的의미（韓語音：uimi；意思：意義；漢字：意味）有漢字詞，재미卻無漢字詞，覺得很奇怪！所以又再查了一些辭典，發現재미的語源是來自자미（韓語音：jami；意思：滋味；漢字：滋味），於是我就開始研究起자미。

　　자미的漢字詞是由有繁殖意義的滋與味道的味所組合成的，有繁殖意義的滋，是指喝水後變得茂盛（茲）的意思。下雨時，樹叢變得茂盛。

　　今年春天，我在回我家的小徑上的土地種了幾棵竹子。下過幾次雨後，竹筍就鑽出地面來了。常下雨、常澆水，竹筍在不知不覺中長大成了竹子。

　　雨後春筍，形成一片竹林的畫面已畫好了。這就是增加的味道，增加的味道很有趣。所以竹子增加也很有趣，錢增加也很有趣，運動能力增加也很有趣，甚至於所知道的內容增加也很有趣。

　　懂得那個味道的人會成為那個領域的高手，懂得運動

實力增長味道的運動員會成為職業選手，懂得學問味道的學者會成為該領域的大師，滋味就是增加的味道。想要有趣，不是的，想要有滋味，就要好吃，要增加味道，要有蒸蒸日上的味道。

有些事情毫無意義，卻很有趣。若只有我自己覺得有趣的情況，就必須觀察是否對他人有害。即使不傷害他人，如果連我也覺得毫無意義可言時，無論多麼有趣，也應該重新思考一下。

如果有意義，卻無趣的事情會怎麼樣呢？

覺得有意義，似乎是好事，如果一輩子都只做那件事的話，那也是地獄。世界上有意義的事情難道只有一、兩件嗎？無需帶著那件事情非我做不可的強迫症。

有趣既是我個人的事件，也是我的故事。意義就是在與他人分享，產生共鳴的時候發生的。

苦味和酸味都經歷過的人生，才是人生， 但只有偶爾品嚐到甜味時，才能體會到人生的樂趣。

甜味是各種味道中最有趣味、最有意義的。

✦ 別成爲法官

　　韓國大叔搞笑時所說的話，稱爲大叔式搞笑。然而，什麼是大叔式搞笑呢？

　　這是指不切實際地使用同音異義詞，或有點落伍、玩笑開得慢半拍，而讓氣氛變得冷清的搞笑方式。

　　一群高中時代就認識的韓國大叔們一起去旅行，還在山莊裡共度了一個晚上。某位好友帶來許多零食及食物，大夥吃得好、玩得盡興，總之很開心。

　　然而，五位大叔聚在一起準備食物的時候，就出現了愛搞笑的特性，其中一位朋友就針對該特性說：「中年大叔們聚在一起，都只是嘴上做事。」

　　人到了中年，因爲見得多、聽得多，誤以爲現在是什麼都懂的年齡，連煮一鍋湯也會覺得自己是專家。因爲之前也見過太太煮過，在電視上看過名廚阿基師煮過，雖然

印象有些模糊，但記得學生時期去露營時煮過，於是陷入了這種錯覺之中。雖然沒有親手煮過一次，但也會產生這樣的錯覺。

職場裡這種年齡的大叔們，用嘴行動的情況比用腳還多。這樣的大叔們一起去旅行，口中的話會動得比腳還快！就在這樣你一句、我一句的聊天中，湯也煮滾了，菜也端上桌了，就擺滿了餐桌。

因為他們都是老朋友了，可以玩得很開心。如果不是這種關係的話，只耍嘴皮子的氛圍當然不會好！在以中年男性為主題的綜藝節目中，出現了「真相攻防戰」的內容。所謂「真相攻防戰」，就是判斷誰對誰錯、什麼是正確答案後，再展開爭辯。其實這不僅是中年男性的問題，有可能也是男性本身的問題。

從戀愛中的男女對話中，可以看出來男女之間說話模式的差異。好的戀愛研究所所長（좋은 연애연구소장）金智允（김지윤）將男女之間的對話差異做了十分有趣的說明。

女性說：「我昨天在新道林站見到了英淑。」那麼十之八九的男人會說：「所以呢？」

　　男性聽到女性的談話內容時，腦子裡會產生各種疑問，例如：見到英淑怎麼了？要我怎麼回答呢？我先想一下有什麼我可以回答的。

　　聽到對方的回答後，女性通常會提高聲量回答：「見到英淑了啊！」

　　這時男性的嗓門也會變得更大，帶點不耐煩的口氣說：「所以呢？怎樣了？」「怎樣了？什麼怎樣？在新道林站見到了英淑！！！」

　　接下來的狀況，不言而喻。

　　然而，女性們之間的對話就迥然不同，「我昨天在新道林站見到了英淑。」

　　那麼其他女性也就會先附和一下，「見到英淑了嗎？真的哦！」

　　像這樣，女性會做出適當的反應來使對話繼續下去。但是男性透過對話來確認真相，並做出判斷。男性如果覺得沒有什麼可判斷的，就不會關注對話的內容。

　　有一天，我太太氣喘吁吁地講述著白天經歷的事情。

　　「你知道嗎？我們家的小孩似乎在玩球時，稍微撞到

了對面鄰居的車子，鄰居歐巴桑針對這件事，罵了小孩一頓。」

我的大腦正在判斷到底哪些內容是事實？是誰的錯？

因為還沒有做出判斷，就會想多蒐集一些線索。

「汽車上出現了很多刮痕嗎？」

我太太依然氣喘吁吁地回答。

「有一些刮痕，鄰居就針對那件事⋯⋯」

我的大腦子已經掌握了整個事件的原委後，於是下了這樣的判斷。

「那是我們家孩子的錯，把別人的汽車給刮壞了，應該支付修理費或跟對方道歉。」

我太太的眼神突然變得很奇怪。

「雖然如此！但對孩子做那樣的舉動⋯⋯」

接下來的情況就留給大家去想像了！

我太太是對於發生那樣的狀況感到難過，因為我是離她最親近的伴侶，所以表達了自己傷心的心情，想得到與自己站在同一方的先生的安慰。但是先生不僅沒站在自己這一方，反而站在別人那一方。先生甚至於還站在中立的立場，並露出與做出正確判決的法官一樣的表情。

當然，這些內容並不能完全說明男女之間的差異，對

於男女之間可能會出現這種差異，我到了四十多歲才略知一二。這樣看來，在婚姻生活中，似乎主要是因為這種差異而起爭執的。

所以我教兩個兒子要讀懂女性們的語言，任何事先不要斤斤計較，要先有回應！不過我並沒有對他們抱很大的期待。他們也會經歷各種考驗，隨著經驗累積，就會領悟到其中的意義。

結論就是，不要停留在確認真相的「真相攻防戰」上。誰對、誰錯的判斷是法官該做的事情，也許這不是朋友該做的事，也不是丈夫該做的事。

不要成為法官，乾脆成為律師吧！即使對方做錯了，也努力與對方站在同一方，這才能開啟溝通之路。

比起蹩腳的大叔式玩笑和冷酷的真相攻防戰，溫暖的回應更能讓彼此間的對話愉快！

因為對話不是在審判。

不是想成為什麼，而是想做什麼

　　遇見可愛的小孩子時，就會摸摸他的頭問：「你幾歲了？」若遇到用手指比自己年齡的孩子時，也會試著這樣問：「長大後想做什麼？」這個問題包括未來和職業兩個要素在內。

　　「未來想要從事什麼職業呢？」
　　今後想要的未來職業可能是思考人生方向的好問題。
　　但是，別只關心未來，多放點心思在現在上，如何呢？不是談職業和職位，而是談談你想做的事情的實質內容，如何呢？若把焦點放在未來時，現在就會成為準備未來的時間、被犧牲的旅程。

　　若把焦點放在職業或職責等外衣上，在沒仔細思考為什麼想做那件事，或被外衣包著的實質內容是什麼等等，是否會出現只拿到外衣的情況？

不是爲了成爲國會議員或總統而從政，而是爲了提供更好的生活給人民，而想成爲國會議員或總統。

並不是爲了成爲醫生而就讀醫學院，而是懷着想治好病人的想法而成爲醫生。

不是爲了當律師而準備司法考試，而是想與遭受不公平待遇的無權無勢的人站在同一方，而成爲律師。

不是爲了當教授而讀博士，而是在將學問與態度傳遞給後進的過程中，當上了老師。

不是爲了成爲佛祖而修行，而是在對生活的深刻反省中成爲佛祖。

不是想成什麼樣的人，而是在想做些什麼的過程中，成爲某種類型的人，希望能看到更多這樣的人。

從現在開始，不要再問孩子：「長大後想成爲什麼？」

請望着孩子們的明亮雙眼問：「你想做什麼？」

✦ 人生而有天賦

「人生而有天賦，不是因為自己很優秀才得到的，而是從出生那一刻開始就賦予的，若不將這種天賦加以琢磨並活用的人，就是壞人，大家必須知道這一點。」

這是畫家李應魯所說的話。**不將天賦加以琢磨並活用的人，不是懶惰的人，是壞人。**他的呼喊十分強而有力！也許這是來自於「我所擁有的天賦並非源自於自己，是上天給予的」之啟發吧。

我也想把這種天賦加以磨練後再活用，不過怎麼看都看不出自己有什麼天賦？世界上有很多有天賦的人，我只能感嘆自己為什麼這麼沒有天賦。是的！比我優秀的人很多，如果視線只往上方看時，只會感到畏縮。

從政後重新回歸到作家身份的柳時敏在《如何生活（어떻게 살것인가）》一書的序言中，以「知識零售商」

自居。「找出有用的知識與資訊，加以概括、摘錄、解釋、加工，並編輯成讓讀者讀起來舒服的內容，就是知識零售商的功能。」

世界上有創造新知識的人，也有為了讓他人理解而做好整理，並傳遞給他人的人。

世界上不是只需要有創造新知識的人，也不是只需要有傳遞的人。

柳時敏回歸到知識零售商身份後，所寫的那本書裡有這樣一段文字。

「我雖然羨慕國際歌手PSY、滑冰女王金妍兒、疫苗博士安哲秀、百萬暢銷書作家慧敏法師、韓國美男張東健等人，卻沒有自卑感，他們僅僅是各自爬著自己的樹。我也挑一棵適合自己的樹，爬上去。如果那不是世界上最大棵的樹又如何？只要是適合我攀爬的，就是快樂的樹，不就行了嘛。」

樹叢中一棵樹的存在是為了營造出美麗的森林，但不是為了成為最大棵的樹木。

　　仰望天空，上天賜予我某些東西，並把我送到這個世界來，應該是有原因的吧！既然得到了，就該還回去吧！如果不能察覺到上天所賦予的天賦就離開人世的話，就無顏見天了。

最近在畫什麼？

「最近在畫什麼？」

這是一位愛畫畫的年輕人去找某位畫家前輩，把自己以前拍攝下來的畫作照片拿給對方看，對方望著他時所提出來的問句。

有一段時間，對我來說最重要的主題之一，就是退休後的生活。不過對於這個主題，我們無法找到正確的答案。每當與很多前輩相見的時候，都會問了退休後要做什麼，但是沒有找到好的答案，跟着退休者的身影觀察，也一樣沒找到答案。

同事們則帶著責備的口吻對著我說：「現在離退休還有十年，為什麼這麼費心思地想着退休後的事情。」沒錯，雖然還剩下一些時間，即便如此，退休後的生活也是我最關心的主題之一。

　或許退休與老化這兩個主題是相關的，不過現在的我已稍微從退休計劃中解放出來了。

　雖然退休後的計劃還不是很明確，但即使退休了，我也不想變老。

　這不是我傲慢地宣稱自己不會變老，就不會變老了！不是那個意思，我想說的是退休後仍要繼續學習，繼續成長。

　老則意味著停止成長，若我們在退休後不停止成長，即使頭髮變得更白，額頭皺紋也加深，我們的內在也許能保持青春。如果只想固守現有的東西時，我們就老了。**當我們不停止成長的時候，我們就是青春。**

　「你現在有成長計劃嗎？」約翰・麥斯威爾（John C. Maxwell）在24歲時被問及此問題。關於這個問題，他受到了很大的衝擊，改變了他的人生方向，將目標從成功轉換成成長。他將其領悟到的道理寫在《精準成長：打造高價值的你！發揮潛能、事業及領導力的高效成長法則（The 15 Invaluable Laws of Growth： Live Them and Reach Your Potential）》一書中。

　　成長是指在慢慢地與熟悉的昨日不同中漸漸成長，在向他人學習中成長。無論是透過書籍，或直接接受教育，都會逐漸改變自己。特別是隨着年齡的增長，在學習的時候，我訂定了下列兩項原則。

　　第一，不是爲了慢慢累積我的內在而學習，而是爲了給別人而學習的原則。年齡越大越要將自己清空，再用學習來填滿，這也是一種慾望。現在該是分享的時刻了，這樣才能在離開人世前，清空一切。

　　第二，既要學習歷史悠久的舊東西，還要學習最新的熱門東西，這是學者的原則。當上了年紀的人只敘述自己很久以前所學的內容或經驗時，那不是學習的傳遞，只是老人的嘮叨。

　　學習的前提是領悟到自己的不足，在那不足之處面前變得謙遜，以低姿態來尋求教導。因此，爲了學習，不能抬頭向上，應該低頭。

　　退休後，經常會被他人以過去的職位稱呼。國會議員或長官只要當過一次，就會一輩子以「議員」或「長官」

的身份生活。當人開始以過去的職銜被稱呼時，也許他的成長就停止了。

這與如扔舊鞋般放棄教授職銜的燙髮金正運在《玩多少成功多少（노는 만큼 성공한다）》一書中所提到的年老具有同質性。

不要以僅僅幾個月或幾年壽命的總經理、銀行行長、長官等職銜過一輩子。不要再以「那位以前是長官」的頭銜被介紹，而是以「那位是中國古籍專家」、「他是淡水釣魚狂」、「那位是蘭花迷」等頭銜被介紹。

看過他的文章後，我退休後的目標變得更明確了，不要再以過去的職銜被稱呼。

「最近在畫什麼？」

當我退休後，被問及那位年輕人被問及的問題時，我該怎麼回答呢？

「啊，在這裡！」

如果當時還在畫畫，除了過去的畫作外，連最近畫的作品也要給對方看。不一定非得這樣回答，但至少也可以像這樣回答吧。

「啊，現在不畫畫了。但是，要不要給您看看，我現

在很感興趣的學習內容呢?」

擅長的事與成長的事

「人為什麼而活呢？」

若有人這樣問你，你會怎麼回答？

真是一個讓人覺得空虛的問題。然而，這應該是人生中最重要的問題，也許人類無法知道該問題的正確答案。

也許有人會回答是為了成功而活，應該也有別的答案吧。

當聽到為了學習而活的回答時，會有什麼感覺呢？如果聽到某個有智慧的人說，人生就是來學習一輩子的，能點頭表示認同嗎？對於學生時代最討厭學習的我們而言，把學習當作是我們人生的目的，很難輕易認同吧！

亞里斯多德在《形而上學》第一卷第一章第一句中，也更進一步地說明，人是想要學習的。像從打零工到以首爾大學法學院榜首入學的張承洙，他所撰寫的《學習最容

易（공부가 가장 쉬웠어요）》一書題目一樣，當到達那種程度時，學習是最簡單的嗎？然而，亞里士多德也曾說過「沒有不痛不癢」的學習。

學習是一種痛苦，學習就要捨棄舊東西，接受新東西，因為需要承受拋棄熟悉的東西之痛苦，才能接受新的東西，該過程就是「成長（growing）」。

生活的目的雖然難以理解，但生活本身就是成長。
生活的目的不是「做得好，而是成長」。

成長與成熟

活著就是不停止，
活著就是不會坐視不理。
活著就是成長，
活著就是改變。
昨日和今日不同。
動物在稍微快速移動中改變，
植物只是在緩慢移動中改變。
活著的東西不會靜止不動，都會改變。

只是彼此的時間及速度不同而已，

活著的東西各自皆擁有自己的時間表，並進行改變。

山野也在改變，

甚至於宇宙也在改變了，

哪有活著不改變的東西。

改變就是長大嗎？

長大就是成長嗎？

如果說成長是變得更大，

那麼變成熟就是變得更深層。

如果說成長是變得更多，

變得成熟就是變得更熟透了。

變得成熟，

不論是變大或變多都不會羨慕，

而是更深層、更濃烈地熟透了。

第六章

跳脫我的大腦

「我」與內心

‧
‧
‧
‧
‧

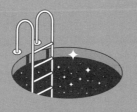

為何如此執着呢？

對於我這個存在。

只待在皮膚內的狹小空間。

為何如此累呢？

離開我，

據說能與更廣闊的空間連結。

靜靜地坐着，

呼吸着，

凝望着內心。

What are you?

「您說什麼？有聽說過『Who are you？』但我沒聽說過『What are you？』」

那麼我們來先回答一下『Who are you？』這個問題吧！這是我們經常聽到的熟悉問題。

「您是誰？」──「我是李相泫。」

提出了熟悉的問名字問題，如果接二連三再提出下列這些問題時，您會怎麼樣呢？

「如果您改了名字，就不是您了嗎？」「您是誰？」「我是醫生。」

為了說明我這個存在，我談我所做的事情，卻接二連三地被問問題。

「如果辭掉醫生工作，換別的工作，那您就不是您嗎？您是何許人？」

「我是個真誠的人。」

「如果不真誠，那您就不是您嗎？那您是誰？」

這是禪學師父常問的問題。

當對方提出這一連串的問題時，我們漸漸被問倒了。

「您是誰？」

對於這類的問題，我經常以「概念化的自我」回答。用概念化的自我來定義自己時，就會出現很多問題。有些人被「我是個真誠的人」的概念化自我給禁錮住了，給自己銬上了「我要真誠」、「我必須真誠」、「我只要善良」等枷鎖，因而罹患了心病。

心理學家史蒂文・C・海斯（Steven C. Hayes）在《走出內心，走進人生（Get Out of Your Mind & Into Your Life：The New Acceptance & Commitment Therapy）》一書中介紹了三個自我。

第一，概念化的自我（conceptualized self），

第二，持續自覺過程中的自我（ongoing self-awareness），

第三，觀察中的自我（observing self）。若將第二的持

續自覺過程中的自我理解成「察覺到的我」，可能就會比較容易理解一些。如果「Who are you？」這個問題已儼然成為概念化自我的固定問題，那麼「What are you？」這個陌生的提問可能會成為能夠完全理解自己的問題。

What are you？ 物質上的我存在於皮膚裡，我和世界卻是由皮膚這一界限區隔開來的。在以概念化定義我之前，先觀察一下我這個存在本身，如何？

我的皮膚正在觸及某處，外面的空氣通過鼻子進入我的體內，成為我的一部分；水通過嘴進入到我的體內，成為我的一部分。某些話語和聲音從我的耳朵裡傳進來，在我的腦海裡佔有一席之地……。

就這樣，每一瞬間我的皮膚內部都會與外面世界連結。外面的東西進入到我體內，成為我的一部分，然後又離開了我。

就這樣暫時進來、停留在我體內，假裝是我，又在不知不覺中離開了我。

我吃的食物也會有一部分變成我身體的一部分，其餘的會排出去。我聽到的聲音也會有一部分讓我想起來，其

餘的會溜走。而自認為曾停留過的想法也會再次消失，身體的組成成分也一樣。

如果過於拘泥於概念化的自我，很容易陷入各種心靈的痛苦中。從固定概念的自我中持續覺察到的自我，當你進入到凝望著這些自我時，才能完整地審視自己。

「What are you？」這個陌生的問題，或許比熟悉的「Who are you？」更能導引我們瞭解實際的自己。真實地感受到What這個疑問詞並非某種概念，而是實體，是把它當作是仔細觀察的問題。

✦ 我的邊界在哪裡？

　　不是在談關於我是誰的形而上學[註]的問題，而是在談決定「我」這一存在的邊界在哪裡？一個國家的邊界是以國境線來劃分，將國境線內側畫為該國屬地，那麼「我」這一存在的邊界為何呢？

　　也許畫出我的邊界比畫出國境線更容易一些，如果把我的皮膚設定為我的邊界，我皮膚內部的區域被設定為我這個存在。所以為了好好照顧自己的身體而費盡心思，也會產生慾望。

　　皮膚看起來防水效果似乎很好，也許會覺得它就像一座毫無縫隙的防堵牆一般，然而仔細看的話，會發現裡面

註：取自《易經》中「形而上者謂之道，形而下者謂之器」一語，指透過理性的推理和邏輯，去研究不能直接透過感知所得到的問題。為哲學的基本法則。（資料來源：維基百科）

有很多穿孔的縫隙。就物理學角度來看，皮膚是由構成皮膚細胞的分子與由分子構成的原子所構成的。眾所周知，就像在太陽系裡繞著太陽運轉的地球一樣，原子是由繞著原子核轉圈的電子所組成的。

如果再瘋狂一點地思考時，也會將物質理解為能源的主張。看似無孔不入的光滑肌膚，就物理學的角度來看，如果仔細觀察堅硬的固體，會發現在空蕩蕩的空間裡，只有電子等的震動。

是不是談了太多聽不太懂的物理內容。沒錯，我還是在談關於我的邊界內容。

我把幾乎沒有縫隙的皮膚視為是我的邊界，如果認知到這個邊界有空蕩蕩的空間時，我的邊界也會變得模糊不清。不談這麼複雜的物理內容，只談我們周圍常見到的跳脫我的邊界之現象。

舉例來說，我的邊界也可以擴及到家庭，為了家人犧牲自己的故事很少見。若為了家人能夠犧牲，就可以把我的邊界擴及到了家族這個藩籬。

我的這種邊界被擴及到朋友，乃至擴及到國家或民族

這個邊界。失去國家的傷痛成為我的傷痛，也願意為了國家的獨立而犧牲自己的生命。

既然我已將我的界限擴大了，那就再擴大一些吧？有的人將我的邊界擴大，感受其它國家人們的痛苦，並為了他們，離開自己的故國，也在遙遠的異國奉獻上自己的人生。

從這個角度來看，不僅是感受到人，也感受到動物或大自然之痛的人，也將我的邊界擴及至該處。

達賴喇嘛也曾強調「將他人之痛視如己痛，希望大家一樣幸福。」傳達了「當瞭解這些事實時，就是真正的人際關係之開始」的領悟。

採訪達賴喇嘛的記者談到戰爭中的其他國家時，達賴喇嘛停止繼續說話，短暫地感受一下那些傷痛。他的身體雖然在這裡，內心卻去了身陷痛苦之中的人那裡，實際去感受他們的痛苦。真是好偉大的境界啊！與只關心皮膚內側身體安危的我們這些凡人有所不同。

這樣看來，我們評價人的度量大或小，取決於我的邊

界在何處。也有人的氣度只把我的邊界限定在我的皮膚，也有人的氣度把我的邊界擴及至周圍的人，去感受他們的痛苦，大器使我的邊界廣闊。

擴大我的邊界，並非是成為八面玲瓏性格的人。反而，這類型的人大多無法視周遭之苦為己痛。如果到處和他人見面都是為了自己的利益，那麼他的器度，即他的邊界也不會很大。

雅克・盧塞昂（자크 뤼세앙）曾說過：「抵抗納粹而被羈押在收容所的經驗。」

「透過當時的經驗，我覺得我們感到不幸的理由是，我們把自己放在世界的核心，並確信自己會經歷自己無法忍受的痛苦。被困在自己身體或腦海裡的人，總是很不幸的。」

我的邊界在哪裡呢？別關在我的身體裡，出來吧！到皮膚外面去吧！

過度追求健康是貪念

年紀高達百歲的金炯錫，仍毫不遜色地活躍於創作活動上。某位記者向正在演講的他詢問長壽祕訣，結果得到了意外的答案。

「我擔心我的身體有負擔，所以幾乎不運動。對我來說，只要擁有能工作的健康就好。」

聽到他的回答之後，我才領悟到過分地追求健康，也是一種貪念。我生性懶散，即使繳了幾個月的健身房會費也不會去，只有在契約期滿的前幾天才會去，並偷偷去把存放在儲物櫃裡的私人物品帶回家。

不久之前，我開始改變了對運動的想法。如果情況允許的話，出門時我不再自己開車，改成步行或搭乘大眾交通工具。在家裡吃完晚餐後，偶爾會到公園散步。在生活中的步行，可以令我從繳交健身房會費的壓迫感中獲得解

放，擺脫必須要運動的義務與束縛。就在獲得自由的此刻，聽到了這位老哲學家的回答，這又讓我陷入了另一個層面的思考。

過度追求健康也是一種貪念，維持生命生活需要多少健康與體力呢？當然，擁有完美的健康和體力固然很好，但也許是過猶不及吧。我對於給予我做自己想做的事，而活著的最低限度的健康表示感謝，也是一種值得肯定的生活態度。

當記者問「比你的生命更寶貴的是什麼？」老哲學家給出了這樣的回答。

「隨著年齡的增長，為了自己和自己所擁有而生活的想法都消失了，只有為他人而活才有意義。」

我覺得這樣的回答也許與「我只需要工作時所需的健康」的脈絡是一脈相承的。

對於幸福，他給出了這樣的答案，「**為自己所愛的人辛苦，『有愛的辛苦』是幸福的。**」

這樣看來，印度高僧寂天（梵語：Śāntideva或Shantideva，音譯為商地嘚瓦）也說過同樣的話：

「世界上的所有喜樂，都是從希望別人幸福的地方來的，世界上所有的痛苦都來自於只希望自己幸福。」

即便不能太拓寬思路，父母希望子女幸福的心情，也屬於這種小小的例子。

看來生活高手們，似乎還是會得出相似的人生結論。

基因叫我跟其他人相遇

我們要與誰交往呢？

雖然物以類聚，似乎性格相似的人都會聚在一起生活，但在自然的法則中，不一定只會出現這樣的現象。

「讓44名男大學生穿兩天的『T恤』，儘量避免接觸到其他強烈的氣味。接著，讓女學生們聞一聞被汗水浸溼的T恤味道後，各自挑選出產生好感的T恤。實驗結果顯示，女學生們皆對與自己遺傳基因最不同的男性T恤味道最有好感。」

「散發體味的T恤實驗」，雖然是以體味作為被異性魅力吸引的有趣實驗，然而，引起我關注的點卻是「不同的」基因。

尋找與我基因不同的人，也許是一種防止近親交往的生物學上的體恤，並主導整體社會的氛圍吧。

或許與如此性格不同的異性交往時，會不顧周圍人的反對，婚後也會常因性格差異而吵吵鬧鬧，但最後還是以夫婦的身份繼續生活。

這種夫婦姻緣，也是由不同的遺傳基因的力量來締結的。如果能遇到和自己性格相似的人一起生活，似乎比較好。

這不僅僅表現在夫妻關係上，還展現在朋友關係上。如果和自己性格差不多的人在一起，雖然有熟悉和舒適的感覺，但也會讓人有鬱悶的感覺。

有人會說：「因為感覺不同」，不就是在尋找和自己基因不同的存在嗎？這也許就是教導你不要只會物以類聚，也要和不同的人融洽地生活。

社會氛圍逐漸轉向物以類聚、排斥與我氣味不同的人。健康的社會應該是我和其他不同的遺傳基因，自然和諧相處的社會。希望「我們不是外人」這句話，不只是同鄉或校友之間私底下說的話語，而是對著擁有不同氣味的人也能伸出手，邊呼喊著「過來吧」。

穿著散發同一味道襯衫的人，如果聚集在門窗緊閉的

房間裡，也許房裡的人都沒聞到這個味道，但那個房間確實散發著難聞味道。

一顆豆子也是借來的

韓國圃美多企業創始人元京善曾說過：「種豆的時候，請種三顆。」一顆是地裡蟲子的責任，一顆是天空飛鳥的責任，另一棵是人的責任。最初那一顆也不是我的責任，只是剛好到我手裡的種子而已，很值得感謝！

上週去了韓國北漢山，坐在岩石上欣賞鬱鬱蔥蔥的山景。韓國首富之家也不比這裡寬敞，院子裡的樹也不會比這裡的更壯碩，岩石也沒有比這裡的更大。這樣看來，盡情享受這美麗寬敞庭院的我，才是更富有的富翁。俗話說，大自然是屬於路人的。

借景是指借風景。這是指我們的祖先並沒有擁有自然的景物，而是暫時借大自然的景物來欣賞的帥氣行為。在自己停留的地方借看美麗的風景，從傳統屋子的門框或亭子裡看見周遭的風景。

　　山就在那裡，對於凝望著山的人來說，那是那個人的風景，風景的所有權雖不屬於他，但那瞬間卻完全屬於他。

　　人生中重要的東西皆是免費的，例如：空氣、水、天空、星星、月亮、風等。即使都是免費提供的，卻也不能全部借到，善於借貸的人是富有之人。

　　再擴大範圍思考一下，身體也是借來的。租用了數十年後，還須還回給土壤，這就是人生。
　　所以借來的東西不可隨便亂用，要好好地借，好好地用，好好地還。

　　借豆子來種的時候，也要想起天上的鳥和地裡的蟲子之教導，應銘記於心。那顆豆子和種那豆子的身體，都是借來的。

討飯吃的人生

　　我們向誰討飯吃？「什麼叫討飯，我為什麼要討飯？我出錢買飯吃，又不是乞丐，我為什麼是在討飯吃？您在說什麼呢？」應該有人會這樣反駁吧！一般人和討飯有什麼關聯性呢？然而，也有以討飯為追求目標的人。

　　是的，托缽的人就是討飯吃的人。托字是委託的託，缽字是僧缽的缽。「缽」是指僧侶的飯碗，托缽是指伸出飯碗討飯吃。僧侶每頓飯都要向他人討飯吃，釋迦牟尼和弟子們，會一起拿着缽輪流到民宅去討飯來吃。

　　現在已很難找到像乞丐一樣挨家挨戶化緣的僧侶。在信徒們的幫助下生活這點而言，於現代也沒有多大的差異。所以僧侶的生活，基本上可以說是向某人討飯的生活。

　　除了僧侶以外，其他人不也都是這樣嗎？牧師和神父

也是在信徒們的幫助下解決吃飯問題，因此應該也是一種乞討的生活吧。

教會以信徒的捐獻金作為經營的經費，牧師和神父的生活費也來自於此。我們試著再擴大一下範圍吧！醫生向病患討飯吃，律師向案件委託人討飯吃，老闆向職員討飯吃，國會議員或總統都是向國民討飯吃的人生。

討飯稱為乞食。在這裡，韓語的「乞」大部分被讀成「有借用意思的乞（韓語字為걸；韓語音為gol）」，也常常被讀成「有給予意思的乞（（韓語字為기；韓語音為gi）」。那麼，到底討飯吃和給予是如何連結起來的呢？想要討飯就得給予，所以討飯和給予有著密不可分的關係。

有趣的是，乞字被稱為「有精力意思的气」之本字，乞的基本意義是源自於精力的意義。由於知識淺薄，很難解釋為何討飯吃與精力連結起來，不管怎麼樣，總是有某種關聯性吧！這個關聯性或許是世上所有的精力皆是借來的意思吧！

世界上幾乎沒有一件事，可以憑藉我個人的力量做

到。我現在吃的飯也是別人種了一年的米，我吃的菜也是別人種的菜。

　　由某個人的勞動生產出來的食物，我們每天吃，非實物的資金流向也是如此。

　　因此，老闆是靠員工所創造出來的勞動價值而生活的，醫師是靠病人的診療費而生活的，總統是靠國民的稅金領取薪資而生活的。

　　所以並非只有神職者乞食，我們也是直接或間接地向某人討飯吃。或許活在世上，不就是向某人乞食的生活嗎？

　　那麼我們都是乞討生存的存在，也就是乞討的人。今天你跟誰乞討了呢？即使不能向那位鞠躬致謝，至少暫時閉上眼睛想著誰給了我什麼，世界也會變得不同吧。

✦ 一起看的驚奇

見過蟾蜍嗎？小時候從某座森林的宿舍走出來時，平生第一次遇見蟾蜍。當我看到巨大蟾蜍時，覺得太可怕了，有好一陣子連一個步伐也無法移動。在回宿舍的路上，我擔心蟾蜍仍然會停留在那裡。那些記憶還留存至今，這似乎是因為小小年紀而覺得那個很可怕。

事實上，住在我們宿舍森林裡的蟾蜍並非不速之客，突然來到蟾蜍生活的樹林裡的我，應該才是不速之客吧。安德烈亞斯・韋伯（Andreas Weber）也曾在《感受一切（Alles fühlt：Mensch，Natur und die Revolution der Lebenswissenschaften）》一書中提到，人會洞察到對自己視線有反應的存在，所以在我視線前會有蟾蜍出現。

「如何證明單純的生物並非機器呢？試著分析一下蟾蜍吧！有什麼東西在你的視線前有反應？什麼東西站在你

的對面？事物並非物品。某個活著的生物正與你四目交會。」蟾蜍也是擁有生命的存在，過著自己的生活。在蟾蜍的生活中，我只是短暫演出一天的配角。

上小學時，有一段時間我必須搭乘長距離的公車上學。我家在首爾南山下，學校在首爾市區的某個角落。從公車窗戶望著窗外景色時，經常浮現各種想法，「那些人是以怎樣的方式，前往某個地方呢？」

突然間覺得，我不是這個世界的主角，他人不是配角，周圍的建築物和汽車也不是佈景。當時領悟到我在他人的人生中，也只是配角，也有可能是偶爾行經的路人，這令我受到不小衝擊。

對公車外的人來說，我只不過是一個看不見的公車乘客。我當時就想當車子經過後，公車外的這些人離開了我的視線，但他們並非是停下來休息的臨時演員，他們也和我一樣，正在前往某個地方，過著每一天的生活。由於這樣的認知，使我與你的關係煥然一新。

畢業後出社會，遇到了兩種類型的人。有些人看待世

界的時候，把周圍的事物和人看成自己的背景物或客體，認為自己才是主體，世界是以自己為中心的背景。

另外，有些人會明白周圍的事物或人不是背景，而是主體。我認同這樣的觀點，自己來到這個世界裡，有可能成為別人的背景或客體。

馬克・內波（Maek Nepo）在《覺醒之書：有你想要的生活，有你想要的生活（The Book of Awakening： Having the Life You Want by Being Present to the Life You Have）》一書中也提到「一起看」的驚奇。

「我發現別人也在看我所看到的東西，這讓我感到很驚訝。其實每當我認為這是我的路、我的山，事實上是大家的。」

樹是地球的主人？

「地球的主人似乎是樹。」

有一天，姐夫好像在自言自語似的對我說，樹木是地球的主人？雖然我也受到了一點點衝擊，但同時也覺得這可能是事實。

我們住在城市的建築物牆壁裡，走在柏油路上，所以我們可能會認為是人類覆蓋著地球，自己是主人，只要站在高處俯瞰地面，想法就會變得不同。從飛機的窗戶往下俯瞰地面時，人口密度高的韓國土地，大部分正由樹木給覆蓋住。即使人類穿梭於各個角落，但深山中大部分的土地裡，都有著從未允許人類踏入的樹木專屬空間。

有一天我很高興看到，和我擁有相似想法的人所撰寫的文章，動物行為學者崔載千（최재천）這樣說道：

「我們從動物的角度來看待這世界上的一切。因此，

我們知道這個地球是由我們支配的。」

但是地球很明顯地是植物的行星，我們常常翻耕田地，砍伐樹木，就誤以為自己掌控並生活在這個地球上，但植物覺得我們可笑。

即使把地球上所有動物加在一起的重量，與所有植物的總重量相比，這簡直就是「鳥腳上的血」一般，地球當然是由植物緊緊抓住的行星。

不論何時看到樹木，樹木都屹立不搖地佇立在原地。有時也會覺得他們都無法活動有多鬱悶啊，若站在樹的立場來看，他們可能也無法理解我的想法。

「有什麼急事需要那樣晃盪來晃盪去呢？」

只是人類的生理時鐘和樹木的不同而已，樹木也會生長和移動。樹木的時間只是慢慢地流逝，隨著時間的推移，樹木也會成長、衰老。

人活不過一百歲，生命就結束了，但在更漫長的歲月裡，樹木會默默地注視著人類的生與死。

我們的時間與我的時間

　　你知道MT是什麼嗎？在韓國一提到MT，就會想起會員體能訓練，即凝聚力量的聚會活動。不是的，不是那樣的MT。那麼你知道OT是什麼嗎？OT是不是入學教育的縮略語？不是的，今天想聊的不是那樣的MT和OT，而是時間的MT和OT。

　　我們生活的時間分為兩種，MT和OT。MT是指我的時間（my time），OT是指我們的時間（our time）。第一次聽到這樣的說法吧！這是我自創的縮略語。

　　我曾思考過，我的時間之反義詞該稱為什麼呢？我的時間的反義詞是你的時間嗎？

　　雖然可以稱為是你的時間，與我有關的時間並非純粹你的時間，可以說和你有關的OT，是與我相關的另一個時間領域。請仔細觀察人生，除了一人獨處的MT以外，也有與他人締結關係後產生的OT。

　　我們白天在職場裡度過的大部分時間，可以說是OT。工作後和朋友們一起喝杯啤酒度過的時間，也算是OT。

　　MT和OT也有很多時候很難做明確的區分。如果一個人看電視或上網，看起來像是MT，如果沉浸在電視或網路的他人故事裡，就會成為OT。

　　這樣區分的話，臉書不也是代表性的OT嗎？與其說是我的時間，不如說是我們在一起的時間。因此，被facebook深深吸引時，時間也不知道怎麼就過了。雖然在臉書上看到了好的文章，如果不利用MT重溫那些好的文字，臉書上的好文章也只是一些吵吵鬧鬧的文字流轉，不過是OT而已。

　　OT沒有意義嗎？不是的。與其說是我這個小小的存在，還不如說是我們這個共同的存在，這樣我們才能做更大的事情。正因為如此，為了完成一個人做不了的事情，也產生了以我們的時間作為經營基礎的團體或組織。

　　當我的生活中只被OT牽著鼻子走，窺視自己內心世界的MT時間就會減少。人生要如何好好的過，就是在給予每個人的時間裡，如何均衡地分配MT和OT時間的問題。

　　如果隨世界潮流追逐，就很容易在OT中讓自己陷入客人的角色。

　　因此如何確保自己成為時間的主人，MT就顯得十分重要。**1萬小時法則，是強調為了達到某種境界，所需的總時間之重要性。**無論是為了成為體育人、企業家、學者或是藝術家，想在某個領域裡成為有生產力的專家，取決於擁有多少MT。

　　時間不能像賺錢一樣賺進來，也借不了。雖然很多資源是有限的，但每個人的時間，卻都是一天24小時。每天提供24小時，那麼如何保障MT呢？

　　談時間這一話題時，我就會想起了《奇特的一生（Eta strannaia zhizn）》的故事。俄國科學家亞歷山大・亞歷山德羅維奇・柳比歇夫（英語：Alexander Alexandrovich Lyubishchev，俄語：Любищев，Александр Александрович）生前有70本科學著作，並留下了多達12,500多頁的論文及研究資料。這樣的碩果是透過旺盛的知識性好奇心，和有效的時間管理，才能徹底實現的。

　　柳比歇夫是在他26歲時，1916年1月1日開始著手初次

的日記時間統計法，直到1972年去世的最後一天為止，56年當中每天皆記錄下自己所使用的時間。

彼得‧費迪南‧德魯克（德語：Peter Ferdinand Drucker）也在《德魯克文集：個人的管理（The essential Drucker on individuals）》中強調時間記錄，他建議經營者準確地記錄自己所使用的時間。

彼得‧德魯克再次強調了連續時間的重要性。所謂連續時間，即透過時間記錄，把自己掌握的時間，連續性地捆綁成「時間整合」，是時間管理的最後階段。比增加零碎時間更重要的是，如何增加連續的時間呢？**職業和業餘之間的差異，雖然在於總投入時間的多寡，然而，真正區分二者的是投入了多少的連續時間。**

上天給每個人的時間都是一天24小時，但做時間記錄的人時間會增多。在漫長的時間裡，如果能將這些時間整合在一起，不僅可以製造出很多東西，同時也能享受時間的自由。

在談MT和OT的過程中，竟然聊到了時間記錄和時間

整合，我們來統整一下這一段的談話內容吧！

　　在留言紙或智慧型手機上，記錄下MT和OT的時間。在每天的時間記錄中，也能知道自己有多少時間，以客人的身份徘徊在OT之間。

　　請擁有MT吧！請感受一下自己作為主人，與自己對話的時間。

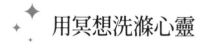

用冥想洗滌心靈

你一天刷幾次牙？早上起來刷一次？早上和睡前兩次？午飯後馬上一次。那麼總共三次？還是睡覺前再做一次？共四次？

不管怎麼說，每天至少刷一次牙，大部分的人刷兩次以上。日常生活中一定會做的一件事情就是刷牙，早上起床洗臉也是必做的。

透過刷牙或洗臉，將口腔和臉部清潔乾淨。在乾澀的口腔刷牙後，會變得清爽。

為了牙齒的健康而刷牙，刷牙後整個口腔會變得乾淨，心情也會變得舒暢。想像一下兩、三天不刷牙的情景，口腔裡會發澀，張開時就會散發出一股強烈的口臭。

洗臉是清潔臉部的行為，似乎清掉眼屎就可以了，每天用香皂輕輕搓揉一下臉部。每天一定要洗臉，不會不洗臉就出門。

有每天不會忘記做的事情，反之，如果每天不做，就

會覺得怪怪的。然而，也有每天很難去做的事情吧！

　　有規律地做運動也非易事。做運動需花時間，因為是要去某個地方做，所以會覺得很麻煩。那麼徒手做體操、伏地挺身、深蹲等，都只要花一點時間就可以做，即便如此，每天還是覺得很難實踐嗎？

　　讓複雜的心平靜下來的冥想，似乎也是我們精神健康所需的時間，但是每天都很難去執行。

　　沉穩地邊呼吸邊冥想後，原本因錯綜複雜的雜念而重壓的大腦，瞬間變得清醒。這就好像刷完牙後口腔就會變得清爽一樣，冥想過後，大腦也會變得很輕鬆。口腔應該不會比頭腦更為重要吧，刷牙每天做，但每天冥想的人卻少之又少。

　　冥想只要能像刷牙一樣每天做，我們大腦每天早上都會整理得十分乾淨。每天只做5分鐘的冥想，大腦也會像口腔一樣變得很乾淨。

　　就像早上起床後，在蓬頭垢面的狀態下拿起牙刷一樣，短暫地坐著均勻地呼吸，用短暫的冥想迎接一天的生活，會怎麼樣呢？只需要像刷牙一般幾分鐘的時間。

先深呼吸喘口氣

「無論發生什麼樣的狀況，不管任何人刺激我，能不能像動物一樣不立即做出反應，做出明智的應對呢？」

有「教授的教授」之稱的趙璧（조벽）提出「6秒的等待」。理性與感性協調的時間，即頭部與心靈進行協調、達成一致，可以發揮適當表達感情能力的時間，就是6秒。

6秒並不是很長的時間，但是在憤怒時、興奮時堅持6秒，並非是件容易的事。

如何堅持6秒呢？

趙璧提出一個人深呼吸6秒的方法。因此，無論遇到什麼事情，就請先深呼吸一次。

「好的，先深呼吸後再做吧。」聽到他的話之後，我想試著深吸一口氣。

深呼吸、吐氣，慢慢地呼吸，好像能讓我以全新的態

度面對問題。

當走在險峻、坡度陡峭的路途上，會流汗、呼吸會急促，心臟也會跳動得很厲害，這時會說「先休息一下，喘口氣，再走吧！」

喘口氣，真是一句好話，請喘口氣後再做。某個人呼吸急促地跑過來要說話時，有人就會告訴他：「你先喘口氣，再說吧！」

喘一口氣後，心情就會平靜下來。有人在激動地情緒下，手一邊發抖地說話時，有人就會告訴他：「你先深呼吸，調整呼吸再說吧！」就這樣喘口氣之後，激動的情緒就會平靜下來了！

如果有人掉眼淚，邊抖動肩膀邊說話時，有人就會對他說：「你先深呼吸，再說吧！」

那樣深呼吸的瞬間，悲傷的心情有就會稍微緩和一下！

我試著查了一下英語辭典，發現原來英語裡也有「深呼吸」的表達方式，「Take a breath.」看來西方人好像也知道要喘口氣。

從言語中，可以看出人的想法。喘口氣，就是深吸一口氣，再呼出一口氣。可以扭轉某些情勢，也可以改變心境，「喘口氣」和6秒鐘的等待時間剛好吻合。

我們活著喘口氣，做其他事情時，也可以阻止人與人之間的爭鬥，甚至憤怒的殺人說不定也能阻止。也可以避免陷入沮喪和自責，做出極端的決定，甚至於也能阻止自殺。

戀人或夫妻因衝突想要分手時，喘口氣後，說不定想法也會改變。教孩子們時，如果能喘口氣後，平靜地對待他們，也許就能更冷靜地教他們。

6秒，是說短不短，說長不長的時間。**6秒讓我們衝動的感性大腦，可以回到平靜的理性大腦。**一般把遇到某種情況時，做出打架和逃避等二分法，決定的本能性大腦稱為爬蟲類大腦。那種大腦不只存在於鱷魚身上，也位於我們大腦最深處，使我們有時像鱷魚一樣衝動，做出極端的反應。

為了擺脫爬蟲類動物的大腦，「先喘口氣後，再開始吧！」不是說6秒就一定夠了，但6秒就足以喘口氣了。

人生中不可動搖的東西

　　你的人生中有兩種不可動搖的東西，一個是你的胸口，一個是你的眼睛。

　　胸口一動搖，心就會動搖；眼睛一動搖，思想就會動搖。

　　首先來談談眼睛吧。韓國諧星李京奎，曾在綜藝節目裡展現自己快速轉動眼球的才能，他的思惟就像那快速轉動的眼球一樣敏捷。雖然不知他的功力深淺如何，但他的應變能力很強。我們從小的時候就聽過「走路不要東張西望，要正視前方」。這句話的意思就是要求我們不要分心，只集中精神在一件事情上。

　　集中的「集」，是依據鳥巢聚集在樹木上的樣子而創造出來的文字。雖然也能畫出鳥聚在一起的樣子，我則畫出樹木上鳥所築的圓形鳥巢。

看到用鳥嘴將一根一根的樹枝結成鳥巢的樣子，由衷地敬佩鳥。鳥以驚人的集中力築起了自己的巢，在那裡生下蛋、孵蛋，誕生新生命。

集中這兩個字和眼睛來回晃動的散漫正好相反。祈禱時、冥想時，集中於燭火或者集中於一點，可能是為了將視線的焦點聚焦在某一處，防止胡思亂想。

所以想法變複雜時，眼睛先不要晃動，才能集中精神。而要將視線集中在點或線上，那是之後的事情。

現在讓我們試著來談談心裡的話吧！

冥想或做瑜伽時，通常是使用腹式呼吸。腹式呼吸與胸式呼吸不同，呼吸時腹部會上下起伏。但如果這樣呼吸的話，和平時的呼吸不同，會變得有些不自然，經常無法好好地呼吸。

現在讓我們做一下不同的呼吸吧，深吸一口氣，當然以自己最舒適的方式做。

在使胸部膨脹時，試著將氧氣填滿整個身體，但要注意的一點是不要只讓胸部膨脹，要先從胸部開始充氣，再試著讓氣遍及全身，身體像企鵝一樣膨脹起來了。很好，

那麼全身就充分地裝滿了空氣。

　　就解剖學的角度來看，腹式呼吸中讓腹部鼓脹起來的動作並不重要，重要的是將體內分隔胸部和腹部之間的橫膈膜往下拉。腹式呼吸不是讓肚子鼓脹來之後，又縮起來，而是讓橫膈膜往下移，打造出最大的吸氣胸廓空間。

　　如果充分吸氣的話，現在試著來呼氣吧！這時請在胸部不動搖的情形下，試著呼吸吧！那麼只有一個方法，就是在全身繃緊的狀態下讓胸部保持原樣，把腹部縮進去，身體的姿勢也會跟著挺直。
　　有人說因為腹式呼吸練成了螞蟻腰，讓胸部保持原樣呼吸的話，既可以讓胸部得以舒展，背部也會挺直了，肚子反而變得更扁平了。

　　現在氣呼出來了，請再吸一口氣吧。同樣的，胸部在不移動的狀態下吸一口氣。吸氣時，身體會再次像企鵝般變膨脹起來，也感受一下吸氣和呼氣之間的停頓時間吧！
　　吸氣和呼氣時哪裡不能動呢？是的，就是胸部。呼氣和吸氣之間，肚子會凸出來，又凹進去，但胸部不會動，內心就會平靜下來，進行深度的呼吸。

　　說到腹式呼吸，大家都說要集中精神在肚臍以下的丹田。但是莎莉‧坎普頓（Sally Kempton）在《熱愛冥想：享受自己最深刻的體驗 （Meditation for the love of it ：enjoying your own deepest experience）》一書中強調「心之腸」。讓我們的意識集中在，位於離脖子下方U字形骨下方，約八根手指寬的胸骨內側有「心之腸」。

　　比起丹田，我更集中精神於「心之腸」，當定位在那個位置上時，呼吸會更順暢。

　　集中精神於下胸呼吸時，就不是腹式呼吸，而是胸式呼吸，當聚精會神在這一部位時，胸部就不會動搖，為了呼吸，要移動的身體部位不是胸部，而是腹部。

　　當然，只要集中精神於是丹田上，呼吸自然順暢，你也可以依照原來的方式做就行了。

　　胸部一動搖，心就動搖。人們一旦不安或興奮時，心就會動搖。當我們感到不安或興奮時，就會聳高肩膀，用胸部進行淺呼吸，而不會做深度的腹部呼吸。

　　在生活中，我們會因為各種問題而動搖。這時不要讓

眼睛和胸部晃動，那麼思想與心就不會動搖了。

向恐慌症患者學習呼吸法

「呼吸感覺要停止了！似乎要死了。」呼吸不順暢時，人們會陷入面臨死亡的極度恐懼感。活着就會呼吸，如果無法呼吸，就意味着死亡正在逼近。

最近看到一些知名藝人的訪談內容時，常聽到高人氣明星曾經罹患恐慌症的經驗。隨著人氣的高漲，壓力也隨之變得更沉重，並重壓在肩膀和胸口上。

也時常在急診室看到恐慌症或過度換氣症候群患者，為了克服死亡的恐懼感、停止呼吸的恐懼感，而更加努力呼吸，問題在於努力呼吸會成為這類患者的最大毒藥。

恐慌症或過度換氣症候群患者，會過度呼吸、呼吸急促、中間不歇息。讓我們一起試試看，像過度換氣症候群患者一樣呼吸看看吧！

　　首先因為感覺呼吸不順暢，所以深深地吸了口氣，但仍然好像還是喘不過氣來。吸氣和呼氣之間不短暫停歇時，呼吸就會變得急促，感到呼吸困難，一呼氣，就急促地吸氣，然後再次地不停歇地呼氣，又馬上吸氣。有跟着這樣呼吸過嗎？我們只要像這樣呼吸三次，就會感覺呼吸「啪」一聲地停在喉嚨裡。

　　感到極度不安時，呼吸會有兩種特性。第一，吸氣與呼氣之間沒有停歇。

　　第二，呼氣比吸氣短。覺得自己好像缺氧，比起呼氣，更只想着吸氣。

　　因此，據說過度換氣症候群患者，因呼吸困難在急診室檢查時，血氧飽和度都超過100%，也就是氧氣過多。要適度地保持身體的恆常性，血液中氧氣過多，二氧化碳過少時，也會導致頭暈，嚴重的話甚至於會引起昏厥。

　　那麼，我們可以向恐慌症患者學習些什麼呢？恐慌症處於極度的不安狀態。在感受到死亡恐懼的威脅下，難免會感到不安。就自律神經系統角度來看，為了克服不安情緒，則會使交感神經處於最活躍的狀態。

　　反之，冥想的狀態剛好與心理性的恐慌症完全相反，處於極度穩定的狀態，

　　即自律神經系統的副交感神經充分發揮功能，穩定身體和心理。

　　極度不安的恐慌症患者的呼吸特性，就是呼吸過程中不曾停歇且呼氣短，我們為了獲得內心的平靜，必須以相反的方式呼吸。如果習慣用與恐慌症患者相反的方式呼吸，就可以擁有平靜的心態。如果想與恐慌症發作時的呼吸方法相反，就須在吸氣和呼氣之間充分停歇，讓呼氣比吸氣長一些。

　　從現在開始試著以「ho～heup」（韓語字：호흡，意義：呼吸）的音來呼吸看看吧。呼氣的「ho ～」（韓語字：호）長度比吸氣的「he～」長度還要長。那麼，不是喊「heup」，而是「he up」，這是什麼？在喊「up」時停歇。喊「he」吸氣後，接著喊「up」時是處於停歇狀態。

　　所謂充分吸氣的「heup」，不是突然的停歇，而是靜靜地停留一段時間。再次喊「ho」，進行長時間的呼氣後，喊「he」做充分的吸氣，在喊「up」時短暫停歇一下。與恐慌症患者相反的方法就是「ho～he up」方法。韓

文的「hoheup」（호흡，呼吸）蘊含著我們進行呼吸的意
義。

　　閉上眼睛，試着這樣悠閒地呼吸三次以上。這樣邊喊
著「ho~~he up」邊睜開眼睛，將會展開另一個穩定的世
界。今天也不要急促地以著「hoheup hoheup hoheup」的節
奏呼吸，而是悠閒地以著「ho～he up」的節奏呼吸。

✦ 聽覺、觸覺與嗅覺冥想

　　能完整地感受一下自己嗎？我這個存在就是在皮膚內的微小存在。皮膚外面的廣大世界，雖然很難完全瞭解並感受到，但連皮膚內微小的我，也很難徹底察覺並感受到。當我們察覺到皮膚內外側時，就會產生五種感覺。

　　視覺、聽覺、觸覺、嗅覺、味覺，讓在五種感覺中，經常處於啟動狀態的眼睛暫時休息一下吧。吃東西時感受到的味覺，也暫時擺放在一邊吧。那還剩下什麼感覺？聽覺、觸覺、嗅覺。那麼，讓我們用「聽覺、觸覺、嗅覺」這三種感覺來完整地感受一下自己吧！我們將其起名為「聽觸嗅覺冥想」。首先，我們來感受一下皮膚外的世界！

第一階段──聽覺
　　先閉上眼睛，側耳傾聽。能聽到些什麼聲音呢？我以

為四周很安靜，但聽到了某些聲音了。那麼請側耳傾聽那些聲音，因為專心聽着那些聲音時，又會聽到別的聲音了，那麼也再聽聽那些聲音吧！

什麼聲音都聽不見嗎？那麼，就感受一下在聲音和聲音之間，像白紙般無聲的寂靜吧！

充分吸氣、呼氣，如果充分聽到了皮膚外部的聲音，那麼接着進行下一個環節吧。

第一階段——觸覺

請感受一下我們身體與外界接觸的邊界。腳掌碰觸到地面了，靜靜地感受一下，腳趾尖觸及的地方，覺得有點涼。因為坐的時間很長，所以膝蓋彎曲的部分也有點不舒服。覺得這個房間有點熱，是嗎？如果充分感受到皮膚內外的分界點，那麼就進入下一個環節吧。

第一階段——嗅覺

一邊慢慢吸氣，一邊聞聞味道吧。聞到某種味道，如果在海邊，可能會聞到大海的味道；如果在深山中，可能會聞到樹木和草的味道；如果在藏書多的書房裡，也許會聞到書香味！

什麼味道都沒聞到，那麼無味也可能是現在這裡的空氣味道吧！

不管聞到什麼味道，不管有沒有聞到，慢慢地呼吸，完整地感受一下從鼻孔進來的空氣吧。若透過聽覺、觸覺、嗅覺充分感受到肌膚外部的感覺時，現在開始進入皮膚內部吧。

第二階段「聽觸嗅覺」階段
第二階段──聽覺

在閉上眼睛的狀態下，請用耳朵傾聽自己內在的聲音。聽見聲音了嗎？如果聽到幻聽，不就是精神病嗎？沒錯！若在地鐵等公共場所大聲自言自語，人們會覺得那個人的精神狀態很奇怪。但是我們也常自言自語地過生活，只是沒發出聲音而已。

那個叫做「思考」。請傾聽我們一個接一個的想法之聲音吧！「啊，我原來是這麼想的。」「現在已經這麼想了。」請在內心的想法聲音上加上「原來～」來傾聽吧。當內心的聲音稍微變得悄然無聲時，我們就進入到下一個階段。

第二階段——觸覺

現在讓我們感受一下皮膚內的觸覺感受吧。脖子右側和肩膀之間有點痠痛，頭部比其他部位稍微熱一點，左側下腹好像有點脹。就這樣感受一下身體的每個角落的感覺吧！經常與我身影不離的身體，我們卻幾乎從未那麼仔細地感受過它。若充分感受到皮膚裡的身體，我們就進入下一個階段吧！

第二階段——嗅覺

慢慢地吸氣、吐氣，聞聞看自己身上所散發出的香氣。香氣？如果很難聞到身體上的香氣，那麼就聞聞看情緒狀況的氣味吧！慢慢地邊呼吸，邊仔細觀察自己，就能聞到從深處傳來的憤怒氣味。是因抑鬱而往下沉的沉重感嗎？還是因不安而變得敏感？請撫慰被你忽視的情緒，充分地聞聞看它所散發出來的氣味。如果充分聞了之後，請將溫暖微笑的氣味，隨著自己的吐氣一起傳遞給世界吧！人在吐氣時，自己的臉上也會散發出平靜的微笑。

「聽觸嗅覺冥想」的第一個階段是感受皮膚外面的世界，第二階段是感受皮膚裡面的世界。

　　每個階段皆呼吸三、四次的話，總共需5~10分鐘。做著做著就會浮現別的想法，心又飛到了別的地方去，那麼就觀望著那個想法，再次做呼吸三、四次，充分感受一下，再進入下一個階段。忙碌生活的我們大多忘了利用短暫的偷閒時間，來徹底感受一下世界與內心。

　　「聽觸嗅覺冥想」，是讓五感中受到我們殘害的視覺與味覺稍微休息一下，透過「聽覺、觸覺、嗅覺」感受世界和內心的時間。世界與自己完全感受到了嗎？

放、察、望與照顧內心

世界上的事物，都與「放、察、望」息息相關。不是讓你多管閒事，只是邊呼吸，邊過著「放、察、望」的生活。不要連呼吸都察覺不到，而要是在生活中懂得吸氣和呼氣，但該怎麼察覺呢？

取名為「放、察、望與照顧內心」，因為這樣想著照顧內心時，似乎可以整理成「放、察、望」。「放」是指放下，「察」是指察覺，「望」是指觀望。

第一，放下。

在端正的坐姿下，閉上眼睛深呼吸三、四次，試著讓呼吸均勻。現在慢慢吐氣，邊思考這「放下」這一主題。重擔壓抑的肩膀是不是有放下的感覺呢？

到底要放下什麼呢？雖然有很多東西可以放下，不妨將無時無刻浮現並以主人自居的想法，放下吧！想法就像

猴子一般，忙碌地四處奔走。

　　想法喜歡的時態有兩種，就是過去和未來。想法喜歡停留在已經流逝的過去，也喜歡先去到還沒發生的未來。停留在過去，在悲觀想法中陷入憂鬱的心情，也常去未來，停留在未來的想法也讓我們的心情籠罩在不安的情緒下。

　　我不常去的時間點是現在。因此，在「現在這裡」放下，停留在現在這裡，這是指將喜歡憂鬱的過去和不安的未來的想法放下。請邊吐氣，邊放下過去與未來。

　　與吐氣一起在「現在這裡」放下，是「放、察、望」的第一個階段的「放」階段。

第二，察覺。
　　請邊吸氣，邊察覺一下順著嘴唇上的人中流到鼻子的氣流。
　　邊呼吸，邊察覺呼吸。我們究竟是什麼時候開始察覺到呼吸的呢？我們在無意識下呼吸，在某種刺激下，會自動進行反射動作。雖然很難對照顧內心下定義，但用照顧

內心的反義詞來理解時，就變得比較容易。不要讓心智鬆懈、慌慌張張地過日子，要邊察覺、邊照顧內心地生活。

依據我們身體的狀況，心臟也會自行跳動，肺部也自行跳動，體溫也會自行調節。

醫院檢查身體狀況時使用TPR標準，即是指體溫（Temperature）、脈搏（Pulse）、呼吸（Respiration）這三種反映出我們身體狀況的核心要素。

我們平時不能有意識地感受到或隨意改變這三個要素。體溫可以隨心所欲地提高或降低嗎？能否讓脈搏按照自己的決心跳快一點或慢一點？然而，呼吸平時雖是無意識地自行呼吸，偶爾也可以有意識深沉地、慢慢地深呼吸，也可以暫時停止呼吸。TPR中的呼吸是可以自行調節的，如果呼吸調節，也會對脈搏和體溫產生影響。

吸氣時，請察覺一下吸氣的狀況以及身體的某處正在傳遞的某種感覺信號。當某處傳來疼痛的信號時，可以聚焦於察覺那個疼痛部位上。剛開始做時只察覺吸氣本身，不要讓心思變得散漫，就可以提高注意力了！

　　察覺的時候要「原原本本地」察覺。不要用自己的想法或詮釋來扭曲，客觀事實（fact）是不同於主觀意見或任意詮釋的。

　　察覺和確認事實一樣，是要「原原本本地」察覺的。想法不喜歡「原原本本地」，而是喜歡變造和扭曲，請察覺沒有想法介入的真實狀態。

　　那麼要怎樣察覺呢？我喜歡「像初次」一樣的決心。我們無意識地以自動反射方式處理事情的原因，在於認為那是重複的、熟悉的。然而，世界上沒有一件事物是一成不變的。甚至於今天我見到的太太，嚴格來說已經不是昨天的太太了，鏡中的我也不是昨天的我了。我們每天身體上會出現細微的變化，想法也會產生一些細微的變化。

　　沒有變化嗎？不是的，今天比昨天（雖然有點傷心）更老一點，因為是在某個看到與聽到的地方，或在腦海裡的想法也會有些微的改變。佛教的「無常」思想，就是在教導我們世上沒有恆久不變的事物。

　　因為孩子有著「像初次」一般的好奇心來接觸世界，對於平凡無奇的事物也會覺得有趣。

　　然而，歷盡世間滄桑的成人，總覺得一切事物都是不斷重複，所以覺得世界很無趣、令人厭煩。所以從現在起不論看什麼事物，都請用孩子般好奇的眼神觀察周圍的情形，「像初次」般地察覺。請邊吸氣，邊像第一次察覺到初次吸氣般，慢慢地吸氣。

　　與吸氣一起像「初次一樣原原本本地」察覺，是「放、察、望」的第二個階段「察」的階段。

　　第三，觀望。

　　記得在吸氣和吐氣中間暫時停歇。處於像恐慌症般的極度不安狀態下的呼吸，會有下列幾個特徵：呼吸急促、淺淺地呼吸、呼氣特別短、吸氣和吐氣中間幾乎沒有停歇。

　　只快速吸氣的呼吸方式，會讓我們喘不過氣來，所以要正確呼吸。所謂正確呼吸，是指在吸氣與吐氣中間要暫時停歇，暫時停止呼吸，讓呼吸休息（rest）。

　　邊察覺、邊充分吸氣時，請試著暫時停歇。不是突然地讓自己憋氣，而是慢慢地吸氣，感受吸氣自行結束，並暫時在那裡停留一下。

那樣的停留會伴著「寧靜」。請「邊寧靜地停留」邊觀望。請靜靜地待著，並觀望呼吸時所察覺到的那個地方。

不安的時候，我們的身體有兩個地方會動搖。胸部會動搖，眼睛也會動搖。演員在表演不安的情緒時，他們的眼睛會到處轉動。淺呼吸無法讓胸部保持鎮靜，也會使眼睛不安地看著周圍。

若想擺脫不安，首先要使這兩個部位不能動搖。即使不使用腹式呼吸，也請使用儘量少讓胸部移動的方式呼吸，並且試著目不轉睛地觀望著某一個地方。尤其察覺到吸氣結束的時間點後，請安靜地停留，並觀望著。

在吸氣與吐氣之間的片刻停歇裡，邊「靜靜地停留」邊觀望，是「放、察、望」的第三個階段的「望」階段。

所謂「放、察、望」，是指邊吐氣邊「放」下，邊吸氣邊「察」覺，在吸氣與吐氣中間「觀」望。第一次若這三個階段一起做，可能會覺得很複雜，可以只集中做一個階段。

剛開始做呼吸冥想時，只集中做吐氣，先集中做三、四次吐氣。在空閒時間較多的時候，集中做十次吐氣吧。邊吐氣、邊集中於「放下」。這時的吐氣或停歇，是指自然呼吸並停歇。如果充分吐氣，並集中於「放下」，那麼就可以進行下一個階段。

現在邊吸氣，邊集中於「察覺」。不管是三、四次還是十次，依據各自的情況，只集中於呼吸的某一個階段。這個階段只集中於吸氣。

最後一個階段是在吸氣與吐氣之間，試著集中於靜靜地停留並觀望，這是停留在寂靜中的和平時間。

採用「放、察、望」式呼吸法，是在吸氣和吐氣之間，邊停留邊觀望，並重新調整呼吸，讓心情冷靜下來。吸氣與吐氣之間靜靜地呼吸（停歇、停留）方式，也許比吸氣與吐氣更為重要。

當能自然地進行各階段呼吸時，也可以依照「放、察、望」式呼吸法的各階段過程進行呼吸。

現在睜開眼睛觀望、察覺，並偶爾放下，並在生活中做「放、察、望」式呼吸法。

做「放、察、望」式呼吸法，緊接著也許會出現到目前為止這「不是我該知道的」的負面性話語。那麼從現在起就試著再次做「放、察、望」式呼吸，整理自己的思緒吧！

✦ 進入、停留、離開

「我們每天都在打招呼，例如：您要去哪裡？而這也是一種哲學。」

看到作家李外秀的這篇短文時，令我眼睛一亮。我們從每天的打招呼中，領悟到重要的人生道理。每天都會與人做好幾次類似這樣的問候，其中蘊含著哲學，而且我覺得每一句問候都不是空穴來風的。

華人最常見的打招呼方式，有下列三種：「您吃飯了嗎？」「您好！」「您要去哪裡？」

有些西方人覺得華人的這種問候方式很奇怪！為什麼每次都會關心並詢問別人的私生活呢？

不厭其煩地問他人「吃飯了嗎？」「要去哪裡？」等私人問題。

然而，仔細觀察這些話語時，會發現其中蘊含著很深

的意義。

　　世界上的事情都可以用「入、停、出」來解釋，所謂「入、停、出」，指的是某個東西進來，暫時停留，然後又去到某個地方。

　　「您用餐了嗎？」吃飯是指進入的階段。食物進入屬於進入階段。外部的生命體將自己的生命獻給其他生命體，那就是吃。除了水以外，我們不吃土或石頭等無生命的存在。

　　雖然不符合生物學標準，但從某個角度來看，說不定水也是有生命的。不管怎麼樣，植物、動物或有生命的東西，我們都會接受。其他生命進入我們的身體，就是吃。

　　韓文的「안녕하세요（韓語音：annyonghaseyo；意義：您好）」。안녕（韓語音：annyong；意義：安寧）可以說是停留的階段。韓語的안녕，漢字為安寧，是由平安的安與有平安意思的寧組合成的。換句話說，也就是由詢問對方平安的兩個字組合成的安寧。

　　安寧的安字是「寶蓋頭」宀部，即屋簷之下女子靜靜坐著的樣子，看起來很平安。有趣的是女字，是指人跪在

地上十指交叉侍奉神的樣子。原來，安字是指在屋簷下侍奉神的意義。寧字也是在「寶蓋頭」宀部下有心字和皿字，也就是屋簷下有心和器皿的意思。這裡的器皿，可以視為是食物的意義。

屋簷下的心情與器皿不在外流浪的狀態，就是安寧的寧字。

「你要去哪裡？」

生命進來了，停留一下，現在該去哪裡呢？

這是離開的階段吧！所有的相遇都有離別，所有出生的人都有離別，我們也擁有要去某個地方的命運，因為我們各自擁有自由意志，所以每個人都踏踏實實地走著自己的路。

我記得自己曾站在退潮的沙灘上，一直觀察這樣的景象，不知名的小生命到處逗留後，在潮溼的沙灘上留下足跡。牠們也會再回到曾經來過的地方，還在溼潤的沙灘上留下了不知何意義的幾何學。潮起潮落，再次回到大海，其蹤跡將消失。

今天我們正在往何處去？偶爾也需要這樣問自己吧！如果不接受某人的問候，就該問自己：「你要去哪裡？」

　　進來住了一段時間了，是該離開的時候了！一起待了
一段很長時間了，現在要去哪裡呢？

Orange Science 02

你是爬蟲類腦？還是人類腦？
─跟著腦科專家，徹底理解自我、看透人心

作者 李相泫

出版發行

橙實文化有限公司 CHENG SHI Publishing Co., Ltd

作　　者	李相泫	
翻　　譯	譚妮如	
總 編 輯	于筱芬	CAROL YU, Editor-in-Chief
副總編輯	謝穎昇	EASON HSIEH, Deputy Editor-in-Chief
業務經理	陳順龍	SHUNLONG CHEN, Sales Manager
美術設計	楊雅屏	Yang Yaping
製版／印刷／裝訂	皇甫彩藝印刷股份有限公司	

編輯中心

ADD ／桃園市大園區領航北路四段 382-5 號 2 樓

2F., No.382-5, Sec. 4, Linghang N. Rd., Dayuan Dist., Taoyuan City 337,
Taiwan (R.O.C.)

TEL ／（886）3-381-1618 FAX ／（886）3-381-1620

MAIL: orangestylish@gmail.com

粉絲團 https://www.facebook.com/OrangeStylish/

經銷商

聯合發行股份有限公司

ADD ／新北市新店區寶橋路 235 巷弄 6 弄 6 號 2 樓

TEL ／（886）2-2917-8022   FAX ／（886）2-2915-8614

初版日期 2023 年 1 月